建筑施工特种作业人员安全技术培训教材

建筑电工

主　编　甘信广
副主编　王文冀　石　璐　甘文瀚

中国环境出版集团・北京

图书在版编目（CIP）数据

建筑电工/甘信广主编. —北京：中国环境出版集团，2021.11
建筑施工特种作业人员安全技术培训教材
ISBN 978-7-5111-4638-0

Ⅰ. ①建… Ⅱ. ①甘… Ⅲ. ①建筑工程—电工技术—安全培训—教材
Ⅳ. ①TU85

中国版本图书馆 CIP 数据核字（2021）第 249848 号

出 版 人 武德凯
责任编辑 张于嫣
责任校对 任 丽
封面设计 彭 杉

出版发行 中国环境出版集团
（100062 北京市东城区广渠门内大街 16 号）
网 址：http：//www.cesp.com.cn
电子邮箱：bjgl@cesp.com.cn
联系电话：010-67112765（编辑管理部）
010-67112739（第三分社）
发行热线：010-67125803，010-67113405（传真）
印 刷 北京中科印刷有限公司
经 销 各地新华书店
版 次 2021 年 12 月第 1 版
印 次 2021 年 12 月第 1 次印刷
开 本 850×1168 1/32
印 张 9
字 数 240 千字
定 价 29.00 元

《建筑电工》编委会

主　　编　甘信广

副 主 编　王文冀　石　璐　甘文瀚

编写人员　王国栋　谢春义　李艳红　张培园　伍　霞

　　　　　单冠杰　瞿绪龙　廉　静

前　言

为了加强对建筑施工特种作业人员的管理，防止和减少生产安全事故的发生，提高建筑施工特种作业人员的安全操作技能和自我保护能力，加强建筑施工特种作业人员的安全技术考核培训工作，根据住房和城乡建设部《关于建筑施工特种作业人员考核工作的实施意见》（建办质〔2008〕41号）的相关要求，我们组织编写了本书，用于建筑施工特种作业人员的安全技术培训。

本书共11章，内容包括电工基础知识、电气识图、常用电工仪表及应用、常用低压电器、异步电动机、施工现场常用电气安全用具、施工现场电源设备与变电所、施工现场常用电气设备、施工现场电气照明、施工现场的接地（零）与防雷、施工现场临时用电管理。

本教材由山东城市建设职业学院的甘信广担任主编，王文冀、石璐、甘文瀚任副主编。第一章的第三节、第四节、第五节由甘文瀚编写；第二章由瞿绪龙编写；第六章由伍霞编写；第七章的第一节、第二节由王文冀编写；第八章的第二节由单冠杰编写；第九章的第一节由张培园编写、第二节由石璐编写、第三节由谢春义编写、第四节由廉静编写；第十一章的第一节由王国栋编写；其余章节由甘信广编写。全书由甘信广主审，李艳红副主审。

谨此向为本教材的编写工作提供了大力支持的单位和专家们深表谢意！

本书与《特种作业安全生产基本知识》配套学习。希望能帮助学员在较短时间内更好地理解考试考核大纲的要求，掌握其中的难点和重点，提高学员的应考水平及日常实际工作的能力。

编写本书时参考了大量文献资料，在此对相关作者表示感谢。书中存在的问题和不足，恳请广大学者和专家提出宝贵意见和建议。

编　者

目　　录

专业基础篇

专业技术篇

专业基础篇

第一章　电工基础知识

第一节　电路的基本概念

一、电路

电路就是电流通过的路径。电路是由电源、负载、连接导线和开关组成的。图 1-1 为简单手电筒电路构成，其中干电池为电源、灯泡为负载，用连接导线将电源、开关、负载连接成电路。在实际应用中通常使用国家统一规定的图形符号表示电路图。手电筒电路图如图 1-2 所示。

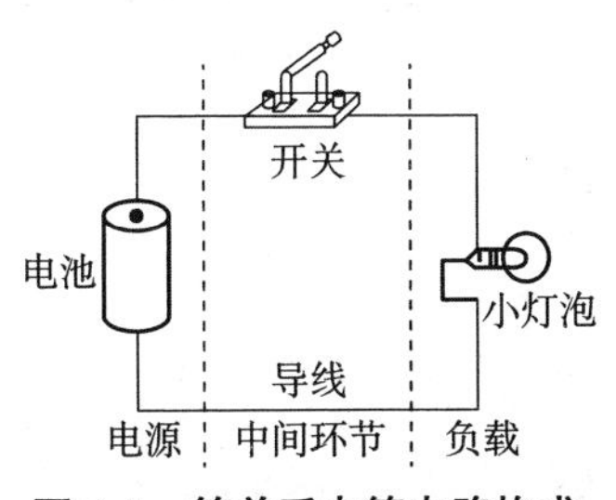

图 1-1　简单手电筒电路构成

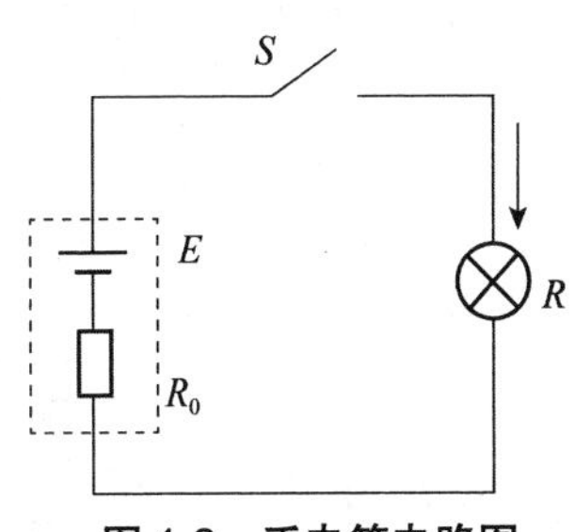

图 1-2　手电筒电路图

电路通常有三种状态：

（1）通路：电路中的开关闭合，负载中有电流通过，这种状态一般称为正常的工作状态。

（2）开路：又叫断路，是指电路中某处断开或电路中开关打开，负载（电路）中无电流通过。

（3）短路：电源两端的导线由于某种事故，而直接连接，负载中无电流通过。短路时，电源向导线提供的电流比正常时大十几倍甚至几十倍，无论对线路还是对电力设备都是极其危险的，因而不允许短路。施工中造成短路的原因主要是绝缘损坏或接线不慎。为防止短路的发生，要在电路中接入熔断器或自动断路器，发生短路时，能迅速自动切断故障电路。

二、电流与电流强度

1. 电流

在电路中，电荷的定向运动形成电流。衡量电流的大小称为电流强度。

在闭合电路中，电流的方向是电流从电源正极流出，通过导线、开关流入负载后回到电源的负极。

电流分为直流电流和交流电流两大类：

直流电流指电流的方向不随时间变化的电流，如图 1-3 所示。

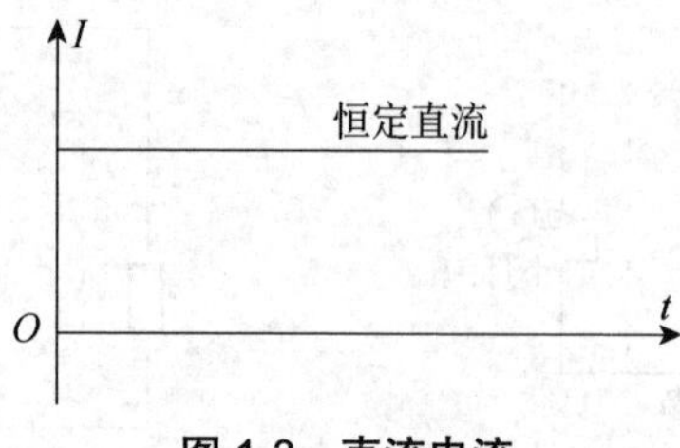

图 1-3 直流电流

交流电流指电流的大小和方向随时间作周期性变化。正弦交流电如图 1-4 所示。

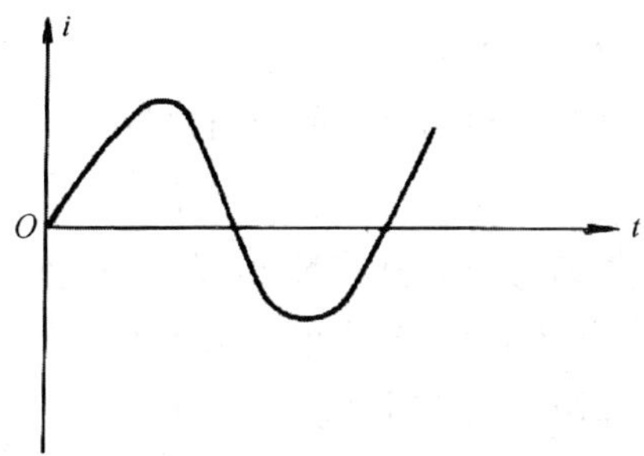

图 1-4　正弦交流电

2. 电流强度

由于电流所产生的效果具有不同的程度，这样就形成电流强度的概念。电流强度简称电流，它是用在单位时间内通过导体横截面的电量多少来衡量的，即

$$I=Q/t$$

式中，I——电流强度，A；

Q——t 时间内，通过导体横截面电荷电量，C；

t——时间，s。

在国际单位制中，电流强度的单位是安培（A），简称安。计算微小电流时以毫安（mA）或微安（μA）为单位，计算大电流时以千安（kA）为单位，它们的关系是：1kA＝1 000A，1A＝1 000mA，1mA＝1 000μA。

三、电压与电动势

1. 电压

图 1-5 中 A 和 B 表示负载两端，A 点电位较高，B 点电位较低，电流的方向由 A 流向 B，负载灯泡 R 发光，说明电流通过灯丝时产生热和发光。为了表示电流强度与做功的本领，引入一个物理量——电压 U_{AB}，即

$$U_{AB}=W/Q$$

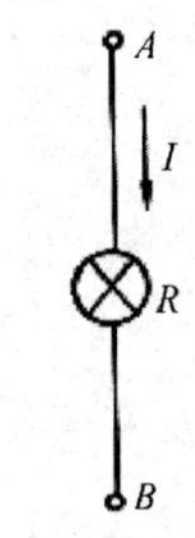

图 1-5　灯泡电路

式中，Q——由 A 端移动到 B 端的电荷电量，C；

W——电场力对电荷所做的功，J。

在国际单位制中，电压的单位是伏特（V），简称伏。计算微小电压时则以毫伏（mV）或微伏（μV）为单位，计算高压时则以千伏（kV）为单位，它们的关系是：$1kV=10^3V$，$1V=10^3mV$，$1mV=10^3\mu V$。

电压的方向规定为由高电位端指向低电位端，即为电压降低的方向。

选择电流方向与电压方向一致时，电压为正值，如图 1-6 所示。

选择电流方向与电压方向相反时，电压为负值，如图 1-7 所示。

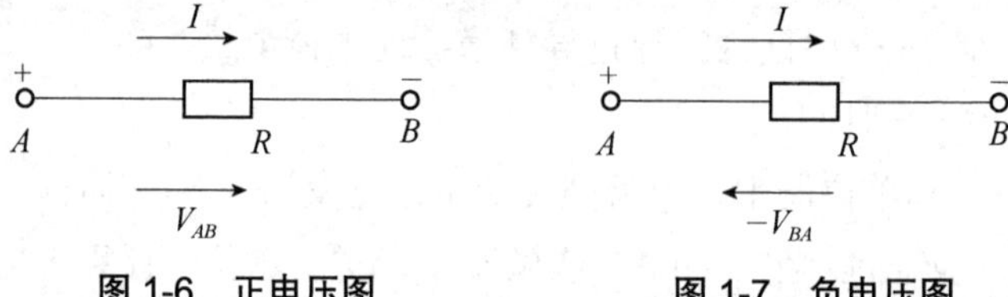

图 1-6　正电压图　　　　图 1-7　负电压图

2. 电动势

（1）电动势的概念。

电动势即电子运动的趋势，是能够克服导体电阻对电流的阻力，使电荷在闭合的导体回路中流动的一种作用。电动势是反映电源把其他形式的能转换成电能的本领的物理量。电动势使电源两端产生电压。

电场中，某点对参考点的电动势形成电位，某两点之间的电位差形成电压。

在电路中，电动势常用 E 表示，单位是伏（V）。

（2）电动势的计算公式。

电动势和电压不仅使用同样的单位，电动势计算公式也和电压计算公式类似，即

$$E=\frac{W}{q}$$

式中，E——电动势，V；

W——电源力将正电荷从负极移动到正极时所做的功，J；

q——电荷电量，C。

电动势也有交流与直流之分，交流电动势用小写字母“e”表示。

（3）电动势的方向确定。

电动势的方向规定是电源力推动正电荷运动的方向，即从负极指向正极的方向。也就是电位升高的方向。电动势的方向与电压的方向是相反的（因为电压的方向规定与电场力方向一致，从高电位到低电位）。

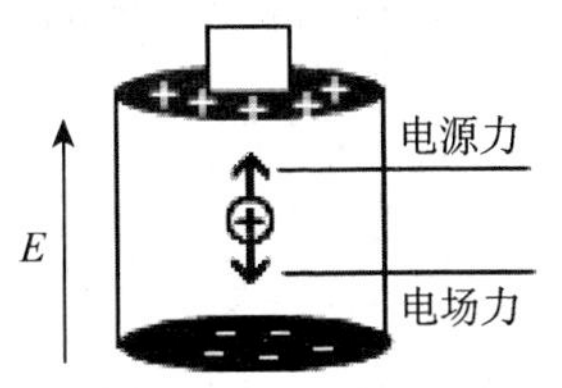

(a) 电源力克服电场力移动正电荷

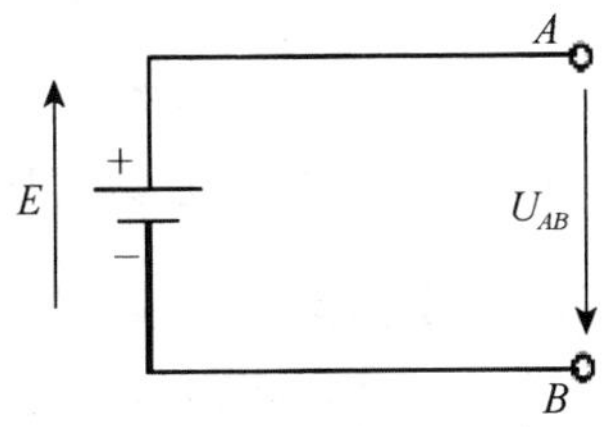

(b) 电动势与电压的方向

图 1-8　电动势的方向

如图 1-8（a）所示，电源力克服电场力把正电荷从低电位的负极推到高电位的正极，这个电位推升的过程就是电源力做功的过程，也是其他形式能量转为电能的过程。如图 1-8（b）所示，电动势与电压之间的方向相反，电源外部的负载电路中（外电路），正电荷在电场力推动下从高电位移到低电位（同时克服负载做功）。

四、电阻与欧姆定律

1. 电阻

物体对电流的阻碍作用称为电阻，用符号“R”表示。电阻的单位为欧姆（Ω），还有千欧（kΩ）和兆欧（MΩ）。1MΩ＝10^3kΩ，1kΩ＝10^3Ω。

导体电阻是客观存在的，导体两端电阻为

$$R=\rho \cdot L/S$$

式中，ρ ——导体电阻系数，也称导体电阻率，ρ 值的大小由导体材料决定，Ω·mm^2/m；

L ——导体的长度，m；

S ——导体的横截面积，mm^2。

导体电阻的大小除了与以上因素有关，还与导体的温度有关，一般金属材料，温度升高导体电阻亦增加。ρ 随温度变化的关系是

$$\rho_2=\rho_1[1+\alpha(t_2-t_1)]$$

式中，ρ_2、ρ_1 ——分别是温度为 t_2 和 t_1（℃）时同一导体的电阻率，Ω·mm^2/m；

α——电阻温度系数，10^{-6}/℃。

2. 欧姆定律

（1）部分电路欧姆定律：欧姆定律指出，导体中的电流（I）与加在导体两端的电压（U）成正比，与导体的电阻（R）成反比，即

$$I=U/R$$

式中，I ——通过导体中的电流，A；

U ——导体两端的电压，V；

R ——导体的电阻，Ω。

欧姆定律公式成立的条件是电压方向和电流方向一致，如

图 1-9 所示。

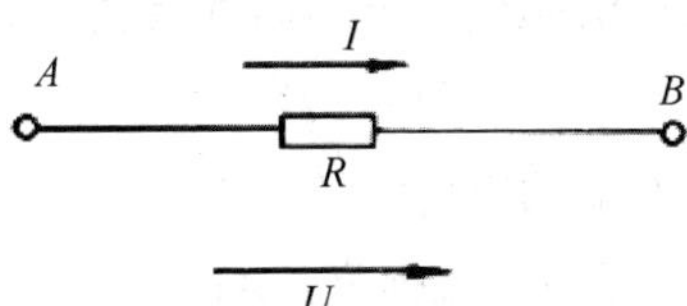

图 1-9　电压和电流方向一致

（2）全电路欧姆定律：含有电源的闭合回路称为全电路。图 1-10 中虚线框内若用 r_0 表示电源内电阻，当开关 S 闭合时，负载 R 中有电流通过。

电动势、内阻、负载电阻和电路中电流之间的关系式为

$$I=E/(R+r_0)$$

全电路欧姆定律还可以写成

$$E=I(R+r_0)=I\times R+I\times r_0$$

式中，$U=I\times R$ 为电阻两端电压；$U_0=I\times r_0$ 为内电阻两端电压。

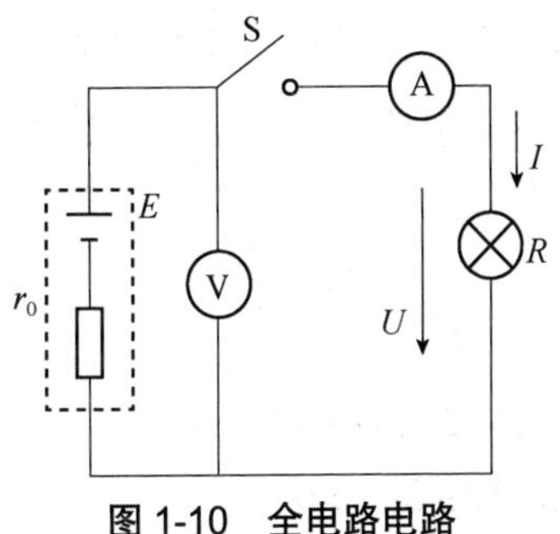

图 1-10　全电路电路

五、电功、电功率与焦耳定律

1. 电功

电流做功的大小称为电功。电流做了多少功，就有多少电能

转变为其他形式的能。

电功的大小与电流强度和通电时间有关，即

$$W=UI\times t$$

式中，U——负载两端的电压，V；

I——通过负载的电流强度，A；

t——通电时间，s；

W——电功，J。

2. 电功率

电功率是指电流在单位时间内所做的功。电功率是用来表示消耗电能的快与慢的物理量，用“P”表示，即

$$P=W/t=UIt/t=UI$$

电功率的大小是一个与通电时间无关的量。

电功率大的单位是 kW，小的单位是 mW；1kW＝10^3W＝10^6mW。

3. 焦耳定律

电流通过导体产生的热量跟电流强度的二次方成正比，跟导体的电阻成正比，跟通电的时间成正比，这就是焦耳定律。焦耳定律的数学表达式为

$$Q=I^2Rt$$

式中，Q——电热量，J；

I——通过导体的电流强度，A；

R——导体的电阻值，Ω；

t——通电时间，s。

由白炽灯、电炉等组成的纯电阻电路，电路两端电压 $U=IR$，因此 $IUt=I^2Rt$。

可见，电流所做的功与产生的热量是相等的。这时电能全部转换成热能，即

$$W=Q$$

纯电阻电路电流做功的公式可写成

$$W=I^2Rt=(U^2/R)t$$

由电动机等非纯电阻元件组成的电路，电能除一部分转换成热能外，还有一部分转换成机械能、化学能等。在这种情况下，电流做的功仍然是 IUt，产生的热量仍然是 I^2Rt。

第二节　简单直流电路分析

一、电阻的串并联

1. 电阻串联电路

把几个电阻的首尾依次连接，组成无分支的电路，使电流依次通过各个电阻的电路形式叫作电阻串联电路，如图 1-11 所示。

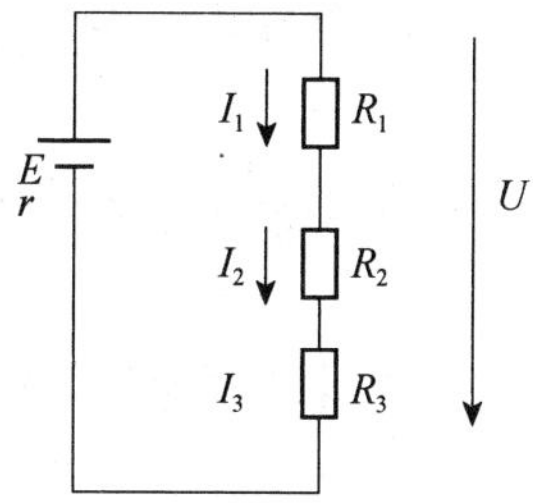

图 1-11　电阻串联电路

特点：

（1）流过每个电阻的电流相等，即

$$I_1=I_2=I_3$$

（2）电路总电压等于各分电压的代数和，即

$$U=U_1+U_2+U_3$$

（3）电路的总电阻等于各分电阻之和。

$$R=R_1+R_2+R_3$$

（4）串联电阻具有分压、限流作用，各电阻两端的电压与其电阻值成正比。

2. 电阻并联电路

将电阻两端即首端都连在一起、末端也都连在一起的电路形式叫作电阻并联电路，如图 1-12 所示。

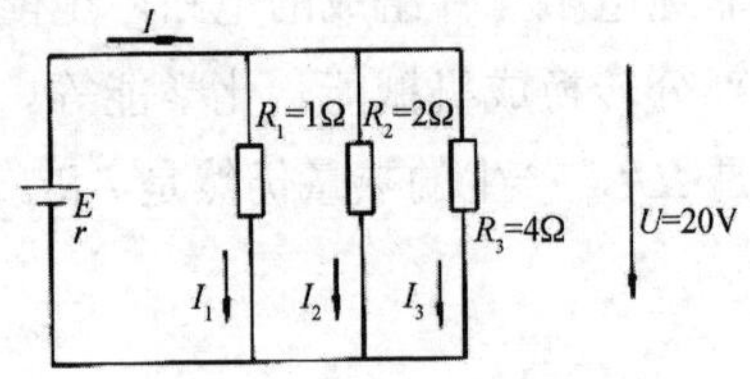

图 1-12　电阻并联电路

特点：

（1）并联电路中各电阻两端电压相等。

$$U=U_1=U_2=U_3$$

（2）电路中总电流等于各分支电流之和。

$$I=I_1+I_2+I_3$$

（3）并联电路等效电阻的倒数等于各并联支路电阻倒数之和。

$$\frac{1}{R_{总}}=\frac{1}{R_1}+\frac{1}{R_2}+\frac{1}{R_3}$$

（4）并联电阻具有分流作用，各电阻上分配的电流与电阻成反比。

例题　图 1-12 为并联电路，求总电阻、总电流、各分路的端电压和各分电流。

解：根据并联电路的特点（1）可知$U=U_1=U_2=U_3=20\text{V}$，则：

$$I_1=\frac{U_1}{R_1}=\frac{20}{1}=20\text{A}$$

$$I_2=\frac{U_2}{R_2}=\frac{20}{2}=10\text{A}$$

$$I_3 = \frac{U_3}{R_3} = \frac{20}{4} = 5\text{A}$$

根据并联电路的特点（2）可知 $I = I_1 + I_2 + I_3 = 20 + 10 + 5 = 35\text{A}$

根据特点（3）可知 $\frac{1}{R} = \frac{1}{R_1} + \frac{1}{R_2} + \frac{1}{R_3} = \frac{1}{1} + \frac{1}{2} + \frac{1}{4} = \frac{7}{4}$

$$R = \frac{4}{7}\Omega$$

用等效的概念，将三个电阻并联后等效为一个电阻，如图 1-13 所示。

$$R = \frac{U}{I} = \frac{20}{35} = \frac{4}{7}\Omega$$

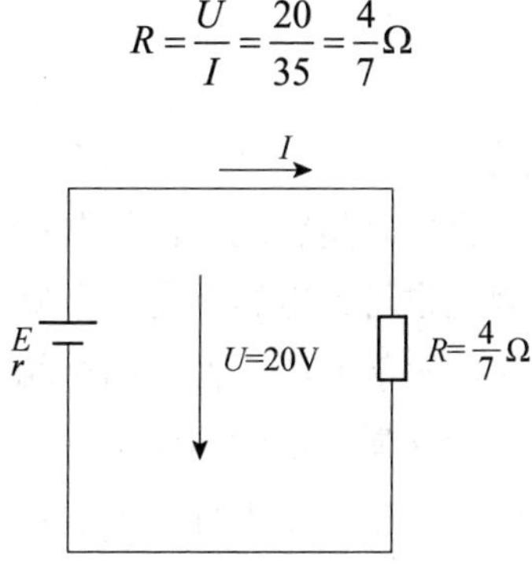

图 1-13　并联电阻等效电路图

3. 电路的混联电路

在一个电路里，既有电阻串联又有电阻并联的电路，称为混联电路，如图 1-14 所示。混联电路的分析方法是，先按串联或并联电路的特点将电路简化，如 R_1 与 R_2 串联，R_3 与 R_4 串联。用

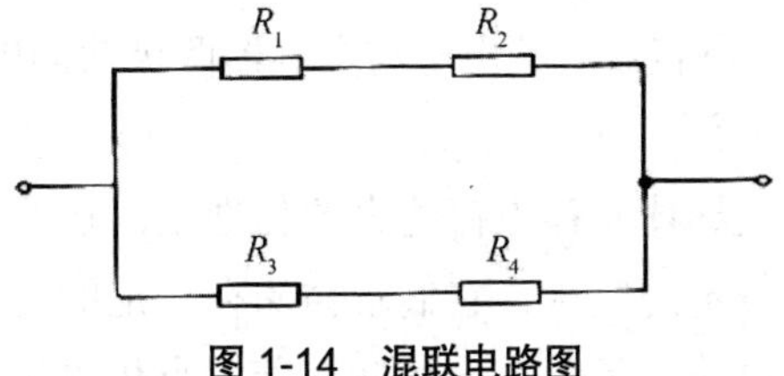

图 1-14　混联电路图

串联电路的特点简化成图 1-15 所示的电路，电路由两个并联电阻组成。

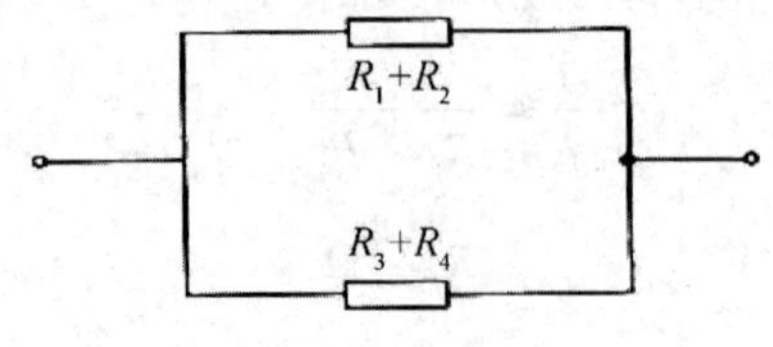

图 1-15　混联电阻等效电路图

二、电容器

1. 电容器和电容

（1）电容器：电容器就是容纳电荷的器件。由于电荷的储存意味着能的储存，因此也可说电容器是一个储能元件，确切地说是储存电量和电能（电势能）的元件。两个相互靠近的导体，中间夹一层不导电的绝缘介质，这就构成了电容器。两个平行的中间夹有介质的金属板即构成一个平行板电容器。每一块金属板叫电容器的板，分别可储存不同电性的电荷，中间的介质叫电介质。任何电介质只能承受一定电压，超过这个电压，电容器内的介质发生极化，将被击穿。

使用电容器时一定要注意它额定的耐压值，防止电容器被击穿。电介质在击穿的瞬间，会产生光、热、声、气味等现象，并使电介质转变为导体，称为击穿。

（2）电容：电容器所带电量与电容器两极板间的电压的比值，称为电容器的电容。

电容是衡量导体储存电荷能力的物理量。在两个相互绝缘的导体上，加上一定的电压，它们就会储存一定的电量。其中一个导体储存着正电荷；另一个导体储存着大小相等的负电荷。加上

的电压越大，储存的电量就越多。如果电压用 U 表示，电量用 Q 表示，电容用 C 表示，那么

$$C=Q/U$$

电容的单位是法（F），也常用微法（μF）或者皮法（pF）做单位。1F=10^6μF；1μF=10^6pF。

平行板电容器的电容为：

$$C=\frac{\varepsilon \cdot S}{4\pi kd}$$

式中，ε——电介质的介电常数；

S——两块极板的相对面积，m^2；

π——圆周率，3.14；

k——静电力常量；

d——极板间的距离，m。

2. 电容器的串联和并联

电容和电阻一样也能在电路中串联、并联或混联。

（1）电容器的串联：电容器串联相当于两极板间距离增大，因此电容减小。

特点：①电路中总电压等于各个电容器两极板间电压之和

$$U=U_{C_1}+U_{C_2}$$

②串联后电容器总容量的倒数等于各个电容倒数之和

$$\frac{1}{C_{总}}=\frac{1}{C_1}+\frac{1}{C_2}$$

（2）电容器的并联：电容器并联相当于两极板正对面积增大，因此电容增大。

特点：①电路中总电压等于各个电容两极板间电压

$$U=U_{C_1}+U_{C_2}$$

②总电容等于各分电容之和

$$C = C_1 + C_2$$

第三节 电磁的基本知识

一、电流和磁场

1. 磁场

带有磁性，且能吸引铁、钴等金属的物体叫磁铁。磁铁周围产生磁性的范围叫磁场，是传递磁力作用的场，是电流、运动电荷、磁体或变化的电场周围空间里存在的一种特殊形态的物质。磁场中磁力作用的通路叫磁路。

在磁场中画一些曲线，使曲线上任何一点的切线方向都跟这一点的磁场方向相同，这些曲线叫磁力线。磁力线是闭合曲线。规定小磁针的北极所指的方向为磁力线的方向，磁铁周围的磁力线都是从 N 极出来进入 S 极，在磁体内部磁力线从 S 极到 N 极。

为了描述磁场的性质，我们采用磁力线的概念（磁力线是一种假设的线），人们将磁力线定义为处处与磁感应强度相切的线，磁感应强度的方向与磁力线方向相同，其大小与磁力线的密度成正比，磁力线越密集的地方，磁感应强度就越大。磁力线具有方向性，所以从相同磁极发出的磁力线，其方向是相对的，而且呈排斥状态，即同极性磁铁相互排斥。由相异的磁极发出的磁力线方向一致而且呈吸引状态，即异极性磁铁相互吸引的性质。如图 1-16 所示。

理论和实践均表明，磁力线具有下述基本特点：

① 磁力线是人为假设的曲线。

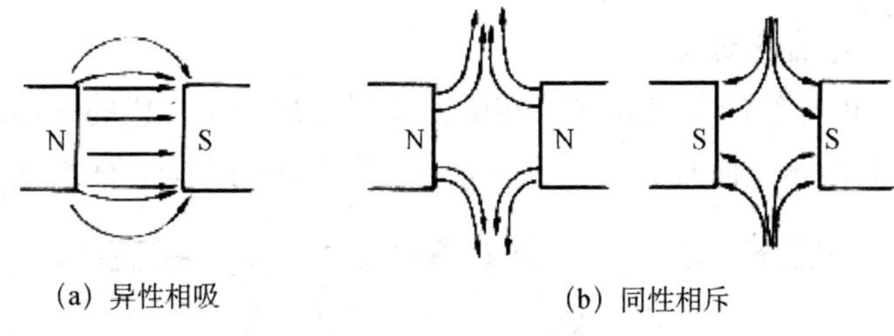

(a) 异性相吸　　(b) 同性相斥

图 1-16　磁力线的特征

② 磁力线有无数条。

③ 磁力线是立体的。

④ 所有的磁力线都不交叉。

⑤ 磁力线的相对疏密表示磁性的相对强弱，即磁力线疏的地方磁性较弱，磁力线密的地方磁性较强。

⑥ 磁力线总是从 N 极出发，进入与其最邻近的 S 极，并形成闭合回路。这一现象在电磁学中称为磁通连续性定理。

磁力线的种类如图 1-17 所示。

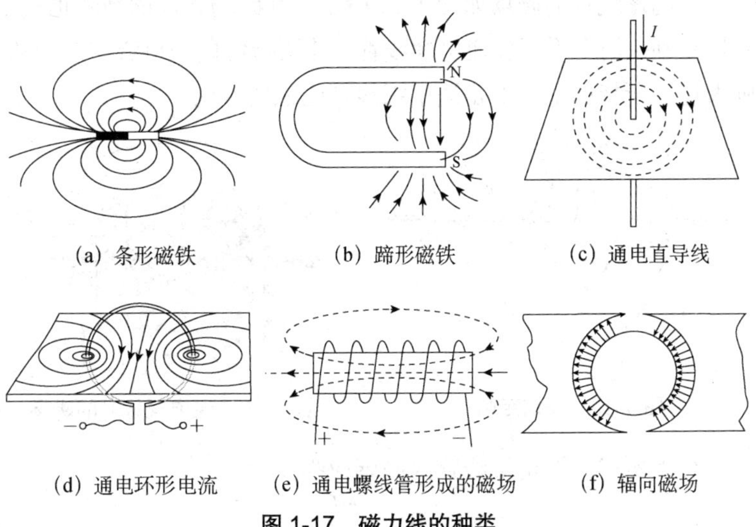

(a) 条形磁铁　　(b) 蹄形磁铁　　(c) 通电直导线

(d) 通电环形电流　　(e) 通电螺线管形成的磁场　　(f) 辐向磁场

图 1-17　磁力线的种类

2. 电流的磁场

通电导线的周围存在着和磁铁周围性质完全一样的磁场，如图 1-18 所示，而且改变电流的方向，磁力线的方向也随着改变。

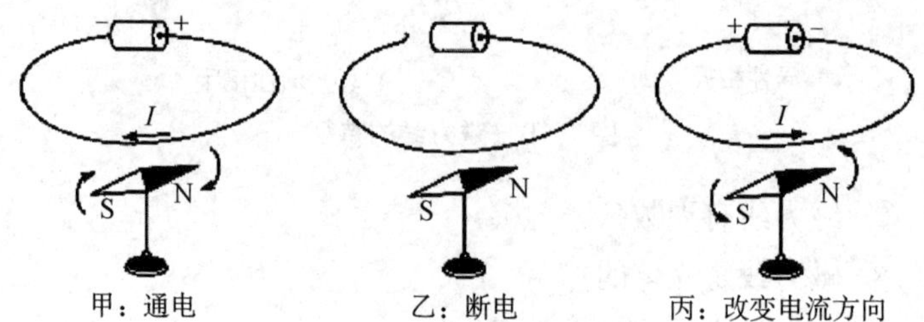

图 1-18 通电导线周围的磁场

磁力线方向可以用安培定则（右手螺旋定则）来判断，如图 1-19 所示。

安培定则：用右手握住通电直导线，让大拇指指向电流的方向，那么四指的指向就是磁力线的环绕方向。

通电螺线管的磁场如图 1-20 所示，其磁场方向的判断也是用安培定则：用右手握住通电螺线管，使四指弯曲与电流方向一致，则大拇指所指的那一端是通电螺线管的磁场方向。

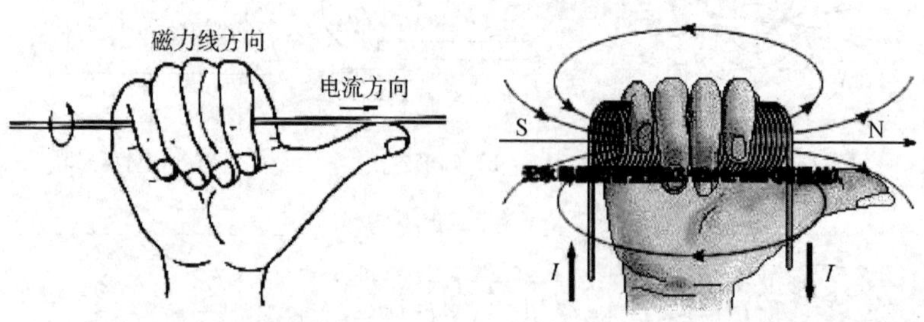

图 1-19 安培定则　　图 1-20 通电螺线管的磁场

综上所述，通电螺线管内磁感应强度为

$$B = u\frac{NI}{L}$$

式中，B——磁感应强度，T；

u——导电率，$S \cdot m^{-1}$；

N——线圈的匝数；

I——电流强度，A；

L——线圈的长度，m。

3. 磁通量

磁通量是表示磁场分布情况的物理量。磁通量是标量，用“Φ”表示。磁感应强度是指描述磁场强弱和方向的物理量（也称磁通密度），是矢量，常用“B”表示。

磁通量可以用磁力线的条数形象地加以说明，如图 1-21 所示，在同一磁场中，单位面积穿过的磁力线越多的地方，B 就越大。因此磁感应强度 B 越大，截面面积 S 越大，穿过这个面的磁力线条数就越多，磁通量就越大。

$$\Phi = BS$$

式中，Φ——磁通量，Wb；

B——磁感应强度，T；

S——截面面积，m^2。

如图 1-22 所示，一个条形磁铁穿过一个金属圆环圆心且与环面垂直，当圆环面积逐渐增大时，穿过圆环的磁通量将逐渐减少。

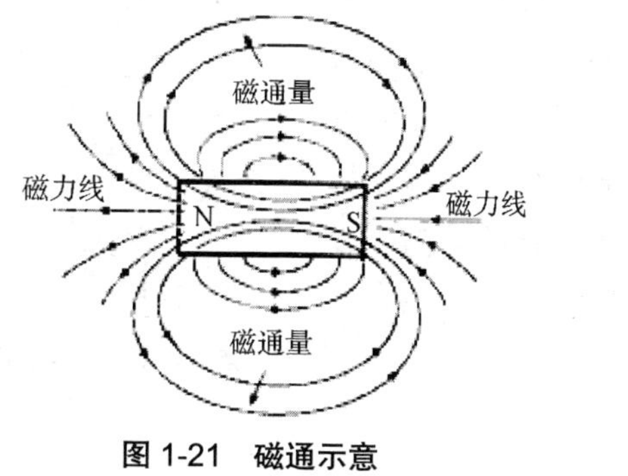

图 1-21　磁通示意

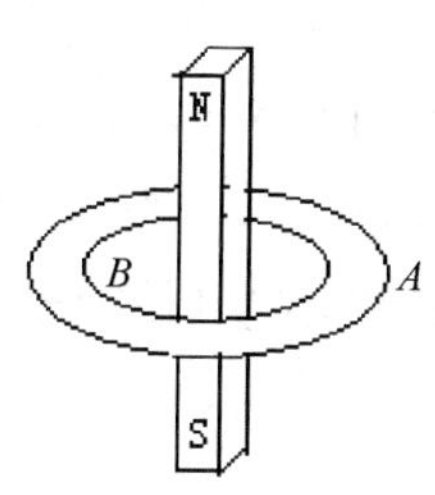

图 1-22　磁通量示意

评析：在定性讨论非匀强磁场中穿过某一个面的磁通量时，一般不直接用 $\Phi=BS$，而是通过穿过该面积的磁力线条数的多少来判断其大小。同时要注意分析有无相反方向穿过的磁力线，若有则应计算相互抵消后的磁通量。

根据以上分析，条形磁铁的磁力线分布在其外部和内部是不同的，在内部是从 S 极指向 N 极，且条数不变。在外部是从 N 极指向 S 极，穿过圆环的磁力线条数随环面积变化而变化，因而磁通量随环面积增大而减少，面积减少而增大。

二、磁场对通电导线的作用力

如果把一段通有电流的直导线垂直放入磁场中，可知磁场对通电导体产生作用力，公式为

$$F=BIL$$

式中，F——安培力，N；

B——磁感应强度，T；

I——导体中电流强度，A；

L——导线在磁场中的有效长度，m。

如图 1-23 所示，通电导线在磁场中受力方向用左手定则判断，伸开左手，使大拇指跟其余 4 个手指垂直，并且跟手掌在同一个平面内，把手放入磁场中，让磁感线垂直穿入手心，并使伸开的 4 个手指指向电流方向，那么，拇指所指的方向，就是通电导线在磁场中的受力方向。

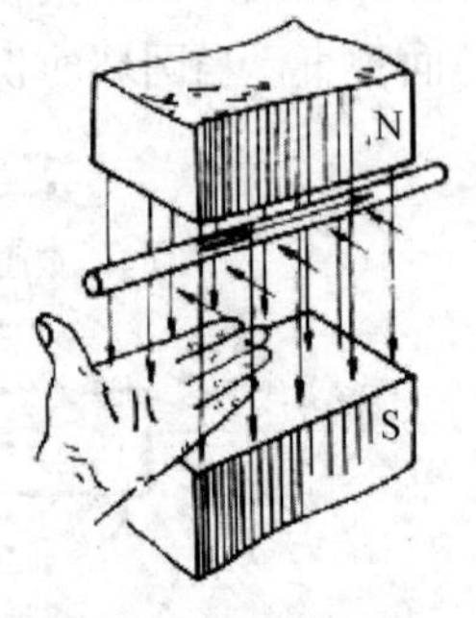

图 1-23　左手定则

三、电磁感应

1. 电磁感应

如图 1-24 所示，均匀磁场中放置一根导体 *AB*，两端连接一个检流计 PA，当导体垂直于磁力线做切割运动时，检流计的指针发生偏转，说明此时闭合回路中有电流存在。

如图 1-25 所示，在线圈两端接上检流计 PA，构成闭合回路。当磁铁插入线圈时，检流计指针发生偏转；磁铁在线圈中不动时，检流计指针不偏转；将磁铁迅速由线圈中拔出时，检流计指针又向反方向偏转。

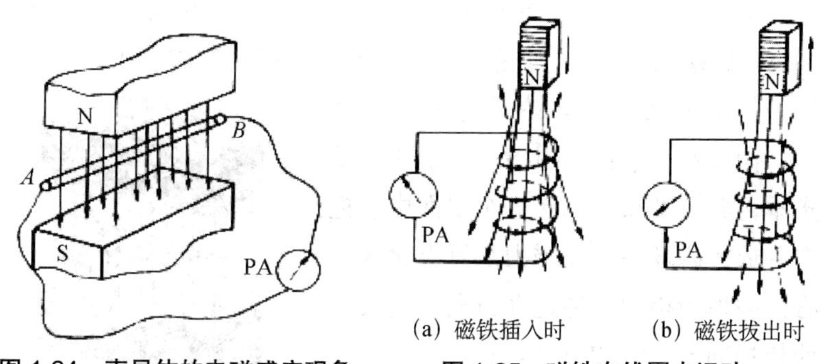

图 1-24　直导体的电磁感应现象　　**图 1-25　磁铁在线圈中运动**

上述现象说明，通过闭合回路的磁通量发生变化而在回路中产生电动势的现象称为电磁感应，这样产生的电动势称为感应电动势。如果导体是一个闭合回路，将有电流流过，其电流称为感生电流。变压器、发电机、各种电感线圈都是根据电磁感应原理工作的。

2. 直导线中的电磁感应

由图 1-26 所示电路中可看出，导体与磁场相对运动而产生的感应电动势 e 的大小与导体切割磁力线时的速度 v、导体有效长度

L 和导体所处的磁感应强度 B 有关。

长度为 L 的导体，以速度 v 在磁感应强度为 B 的匀强磁场中做切割磁感线运动时，导体产生的感应电动势的大小跟磁感强度 B、导体的长度 L、导体运动的速度 v 以及运动方向和磁力线方向的夹角 θ 的正弦 $\sin\theta$ 成正比，即：

$$E = BvL\sin\theta$$

在 B、L、v 互相垂直的情况下，导体中产生的感应电动势的大小为：

$$E = BvL$$

由此说明，B、L、v 互相垂直时，导体里产生的感应电动势的大小，跟磁感强度、导体的长度、导体运动的速度成正比。

如图 1-26 所示，右手定则的内容是，伸开右手，使大拇指跟其余 4 个手指垂直并且都跟手掌在一个平面内，把右手放入磁场中，让磁力线垂直穿入手心，大拇指指向导体运动方向，则其余四指指向电动势的方向。

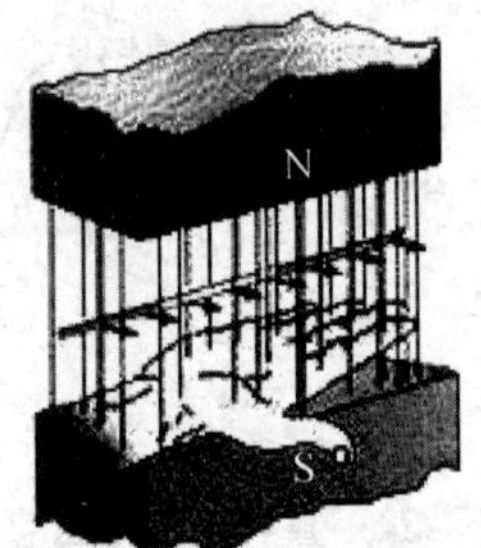

图 1-26　右手定则示意

3. 线圈中的电磁感应

如图 1-25 所示，当磁铁插入或拔出越快，指针偏转越大。即闭合回路中感应电动势的大小与穿过闭合回路的磁通量变化率成正比，这就是法拉第电磁感应定律。假设通过线圈的磁通量为 ϕ，则 N 匝线圈的感应电动势为：

$$e = N\left|\frac{\Delta\phi}{\Delta t}\right|$$

式中，e ——在 Δt 时间内感应电动势，V；

N ——线圈数，匝；

$\frac{\Delta\phi}{\Delta t}$——磁通量的变化率。

线圈中产生的感应电动势方向，可用楞次定律判定。

楞次定律是判断感应电动势和电源电流方向的法则，感生电流的磁场总是阻碍原有磁通量的变化。

应用楞次定律的具体方法是：

① 明确所研究的闭合回路原磁场方向。

② 确定回路中磁通量的变化（增加或减少）情况。

③ 由楞次定律判断感应电流的磁场方向。

④ 利用安培定则确定感应电动势或感应电流的方向。

例题　如图 1-27 所示电路，多匝线圈的电阻和电池的内电阻可以忽略，两个电阻器的阻值都是 R，开关 S 原来打开着，电流为 I_0，合下开关将一个电阻短路，于是线圈中有自感电动势产生，这个自感电动势（D）。

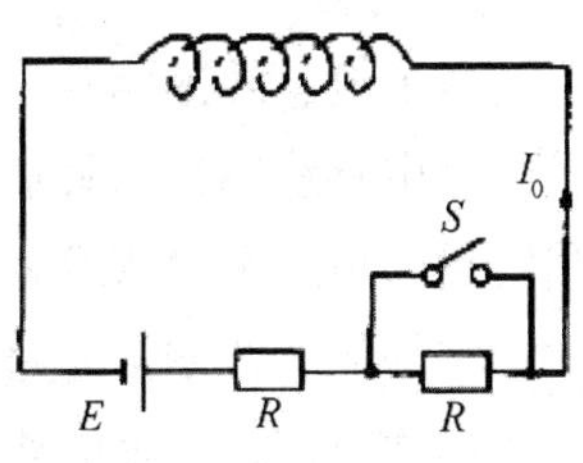

图 1-27　电路示例

A. 有阻碍电流的作用，最后电流由 I_0 减少为零；

B. 有阻碍电流的作用，最后总小于 I_0；

C. 有阻碍电流增大的作用，因而电流保持为 I_0 不变；

D. 有阻碍电流增大的作用，但电流要增大到 $2I_0$。

解析：合下开关把一个电阻短路，电路中电流强度将增大，通过多匝线圈的磁通量增大，由于线圈的自感作用，线圈中将产生自感电动势，有阻碍电流增大的作用，但电流仍会变化，不会保持不变。当电路达到稳定后，电路中电流强度不变，线圈中也不再产生自感电动势，不计电源内阻和线圈电阻时，电路中的电流为 $2I_0$，这就是 I_0 开始变化到最后的电流。

所以，选项 ABC 错误，选项 D 正确。

四、自感与互感

1. 自感

当线圈中有电流通过时，线圈的周围就会产生磁场。当线圈中电流发生变化时，其周围的磁场也产生相应的变化，此变化的磁场可使线圈自身产生感应电动势（电动势用于表示有源元件理想电源的端电压），这就是自感。线圈中电流变化在自身回路中产生的感应电动势称为自感电动势，用 e_L 表示。

2. 互感

两个电感线圈相互靠近时，一个电感线圈的磁场变化将影响另一个电感线圈，这种影响就是互感。互感的大小取决于电感线圈的自感与两个电感线圈耦合的程度。

相邻的两线圈，回路中的电流变化相互在对方回路中产生的感应电动势称为互感电动势。

第四节　正弦交流电路

交流电在生产和生活中应用极为广泛，大多数电气设备，如电动机、电路控制装置、照明器具，都使用交流电，因为发电厂发出的电流都是交流电。

大小和方向随时间做周期性变化的电流称为交流电。

正弦交流电是随时间按照正弦函数规律变化的电压和电流。由于交流电的大小和方向都是随时间不断变化的，即每一瞬间电压、电动势和电流的数值都不相同，所以在分析和计算交流电路时，必须标明它的正方向。

直流电和交流电的区别：

直流电：电流流向始终不变。电流是由正极，经导线、负载，回到负极，通路中，电流的方向始终不变，所以我们将输出固定电流方向的电源，称为直流电源，如干电池、铅蓄电池。

交流电：电流的方向、大小会随时间改变。发电厂的发电机是利用动力使发电机中的线圈运转，每转180°发电机输出电流的方向就会变换一次，因此电流的大小也会随着时间变化做规律性的变化，此种电源就称为交流电源，如家用电源。

交流电可以通过变压器变换电压，在远距离输电时，通过升高电压可以减少线路损耗。而当使用时又可以通过降压变压器把高压变为低压，这既能保证安全，又能降低对设备的绝缘要求。此外，交流电动机与直流电动机相比较，具有构造简单、造价低廉、维护简便等优点。当需要使用直流电时，交流电又可通过整流设备将交流电变换为直流电。

一、交流电动势的产生

正弦交流电通常是由交流发电机产生的，图1-28是一个最简单的交流发电机模型，它由一对静止的磁极（定子）和一个可绕轴旋转的线圈（转子）组成。线圈的两端分别接到两个滑环上，滑环上装有电刷，通过电刷与外电路的负载相连接，构成一个闭合回路。

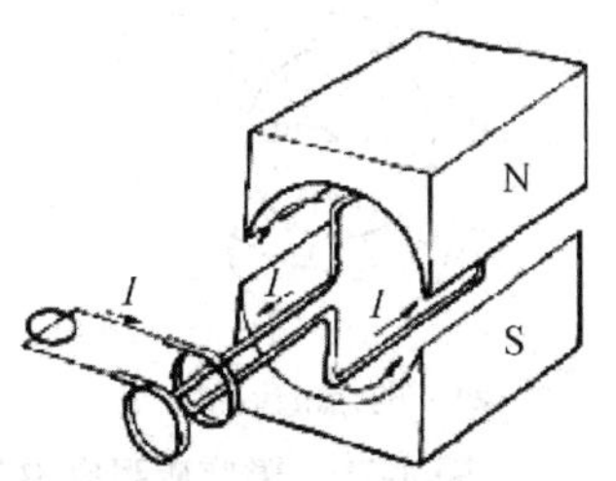

图1-28　交流发电机模型

如果交流发电机的定子磁极磁感应强度 B 在转子旋转的圆周

表面按正弦规律分布，如图 1-29（a）所示，则在 aa'处磁感应强度为零，这就是磁场的中性面，α 角是线圈的一条边和转轴所组成的平面与中性面的夹角，因此线圈的一边在圆周表面上各点位置的磁感应强度为

$$B = B_{\mathrm{m}} \sin \alpha$$

图 1-29（a）中，线圈一条边在 1 的位置上时 $\alpha=0$，磁感应强度 $B=0$；而在 4 的位置上 $\alpha=90°$，磁感应强度达到正的最大值 $B=B_{\mathrm{m}}$；在 7 的位置上 $\alpha=180°$，磁感应强度又等于零；在 10 的位置上 $\alpha=270°$，磁感应强度达到负的最大值 $B=-B_{\mathrm{m}}$。这就是在转子旋转的圆周表面的磁感应强度的分布规律，如图 1-29（b）所示。导体在磁场中运动时所产生的感生电动势的大小为

$$E = BLv$$

式中，E——导线中所产生的电动势，V；

B——磁场的磁感应强度，$\mathrm{Wb/m^2}$；

L——切割磁力线的导线的有效长度，m；

v——导线切割磁力线的速度，m/s。

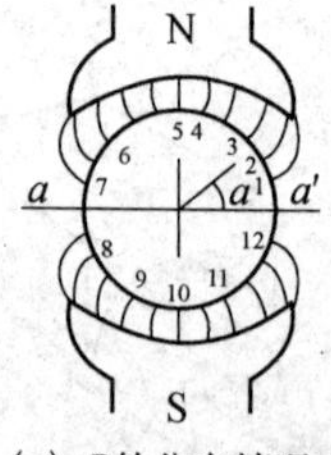

（a）B的分布情况

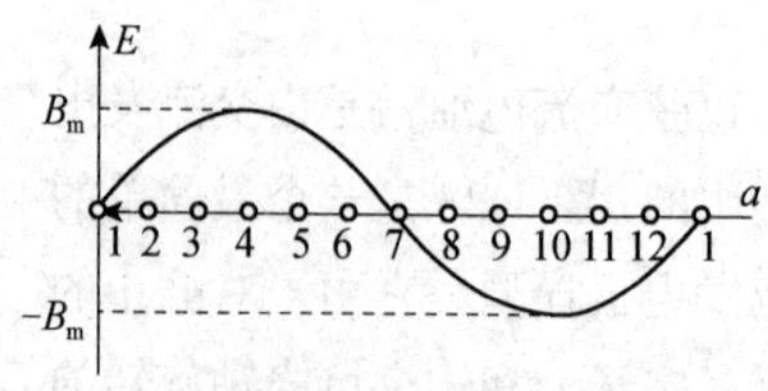

（b）旋转圆周表面B的波形图

图 1-29　磁感应强度 B 沿转子旋转圆周表面按正弦规律分布

当导线的长度和运动速度一定时，则沿圆周表面运动时所感生的电动势的强度，就和 B 的大小一同变化。图 1-29（a）中，在 1 的位置时，$B=0$，所以 $E=0$；在 2 的位置，B 稍大些，E 也稍大

些；到 4 的位置时，$B=B_m$，所以 $E=E_m$。以后 B 逐渐减小，E 也随着一同减小，当通过中性面 aa' 上 7 的位置以后，B 是负值，E 也变成负值，即电动势方向与前半周相反。

我们把导线在圆周表面运动的位置展开，用直角坐标系的形式来表示导线在不同位置（也就是不同的角）时所产生的感生电动势的大小，就可以得到一条正弦曲线，如图 1-30 所示，它和图 1-29（b）中的磁感应强度的正弦分布曲线是完全一样的。所以：

$$e = E_m \sin \alpha$$

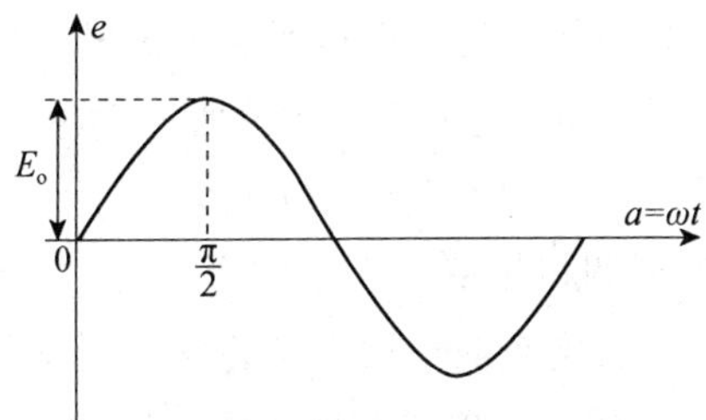

图 1-30　正弦电动势波形图

当导线圆周运动的角速度为 ω 时，则 $\alpha = \omega t$，因此

$$e = E_m \sin \omega t$$

式中，E_m——正弦交流电动势的最大值，V；

ωt——电动势的相位角，(°)。

综上所述，交流发电机产生的感生电动势，随着线圈在磁极间的位置不同而变化，我们把它在各个位置时的电动势的大小称为瞬时值，用 e 表示，电压与电流的瞬时值分别用 u 和 i 表示。

例如 $t = t_1$ 时电动势的瞬时值为

$$e_{(t=t_1)} = E_m \sin \omega t_1$$

瞬时值中最大的数值，称为交流电的最大值（或叫振幅），用

E_m、U_m、I_m表示。

我们把线圈中由感生电动势产生的感应电流引至外电路，外电路中就有了按正弦规律变化的正弦交变电压和正弦交变电流，我国发电厂发出的就是这种正弦交变电流，简称交流电。

二、正弦交流电的三要素

如前所述，正弦交流电的大小和方向是随时间按照正弦规律变化的，要完整准确地描述一个正弦量必须具备三要素——频率、振幅和初相位。一个正弦量与时间的函数关系可用它的频率、初相位和振幅三个量表示，这三个量就叫正弦量的三要素。对一个正弦交流电量来说，可以由这三要素来唯一确定：

$$e = E_m \sin(\omega t + \phi)$$

1. 交流电的周期和频率

（1）周期：交流电完成一次完整的变化所需要的时间叫作周期，常用 T 表示。周期的单位是秒（s），也常用毫秒（ms）或微秒（μs）做单位。1s=1 000ms，1s=1 000 000μs。频率为 50Hz 的正弦交流电的周期为 0.02s。

（2）频率：交流电在 1s 内完成周期性变化的次数叫作频率，常用 f 表示。频率的单位是赫（Hz），也常用千赫（kHz）或兆赫（MHz）做单位。1kHz=10^3Hz，1MHz=10^6Hz。我国工频电的频率规定为 50Hz。交流电频率 f 是周期 T 的倒数，即

$$f = \frac{1}{T}$$

（3）频率与角频率的关系：频率 f 与角频率 ω 的关系，由角频率的定义可得

$$\omega = \frac{2\pi}{T} = 2\pi \cdot f$$

周期越短、频率越高，交流电变化越快。

2. 正弦交流电的最大值（即振幅）

由于正弦交流电的大小总是不停地随着时间而变化，因此，不能单用某一瞬时值表示交流电的大小，而是用“最大值”“有效值”来表征交流电的大小。这里重点介绍正弦交流电的“最大值”，有效值将在后面详细介绍。

正弦交流电在一个周期的变化中所出现的最大瞬时值称为“最大值”，也称振幅或峰值，通常用大写字母加下标 m 表示，通常用 E_m、U_m、I_m 等符号来表示电动势、电压、电流等正弦的最大值。

3. 相位和相位差

（1）相位：

$$\omega_t+\theta$$

正弦量零值：负值向正值变化之间的零点。

若零点在坐标原点左侧，$\theta>0$。

若零点在坐标原点右侧，$\theta<0$。

（2）初相位：ϕ_0表示在开始计时（$t=0$）时，线圈与中性面之间的夹角，称为初相位，简称初相。初相是反映正弦量初始值的物理量，与线圈的起始位置有关，可以为正，也可以为负或为零。

几种不同计时起点的正弦电流波形如图 1-31 所示。

（3）相位差：两个同频率正弦量的相位之差，称为相位差，用字母 ϕ 表示，两个正弦电动势的波形如图 1-32 所示。

设两正弦量：

$$u_1=U_{m1}\sin(\omega t+\theta_1)$$
$$u_2=U_{m2}\sin(\omega t+\theta_2)$$
$$\phi_{12}=(\omega t+\theta_1)-(\omega t+\theta_2)=\theta_1-\theta_2$$

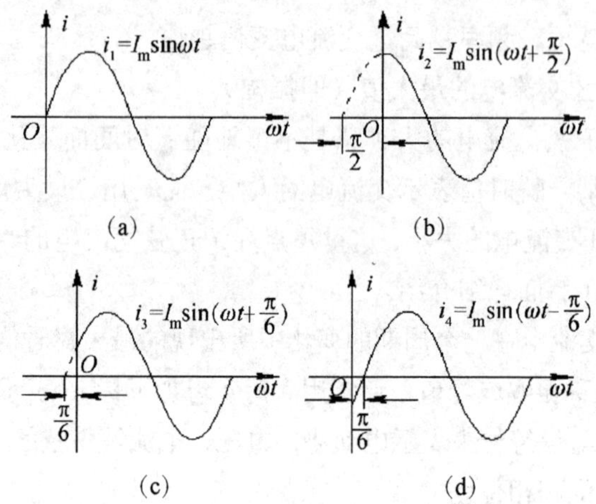

图 1-31　几种不同计时起点的正弦电流波形

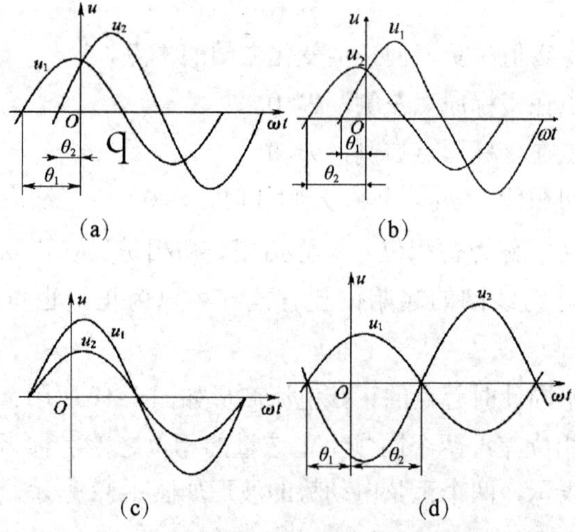

图 1-32　两个正弦电动势的波形图

① $\phi_{12}=\theta_1-\theta_2>0$ 且$|\phi_{12}|\leqslant\pi$ 弧度，u_1 达到振幅值后，u_2 需经过一段时间才能到达，u_1 超前于 u_2。

② $\phi_{12}=\theta_1-\theta_2<0$ 且$|\phi_{12}|\leqslant\pi$ 弧度，u_1 滞后 u_2。

③ $\phi_{12}=\theta_1-\theta_2=0$，称这两个正弦量同相。

④ $\phi_{12}=\theta_1-\theta_2=\pi$，称这两个正弦量反相。

⑤ $\phi_{12}=\theta_1-\theta_2=\dfrac{\pi}{2}$，称这两个正弦量正交。

总之，正弦交流电的交变情况主要取决于三个方面：一是变化的快慢，用周期或频率来表示；二是变化的幅度，用最大值表示；三是交变的起点，用初相位来表示。频率（或周期）、最大值和初相位叫作正弦交流电的三要素，是确定正弦交流电变化情况的三个重要因素，要完整地描述一个正弦交流电，三者缺一不可。

例题　已知

$$u=220\sqrt{2}\sin(\omega t+235°)\text{V},$$
$$i=10\sqrt{2}\sin(\omega t+45°)\text{A}$$

求 u 和 i 的初相角及两者间的相位关系。

解：$u=220\sqrt{2}\sin(\omega t+235°)\text{V}$

$=220\sqrt{2}\sin(\omega t-125°)\text{V}$

所以电压 u 的初相角为−125°，电流 i 的初相角为 45°。

$$\phi_{ui}=\theta_u-\theta_i=-125°-45°=-170°<0$$

表明电压 u 滞后于电流 i 170°。

三、正弦交流电的有效值

交流电的有效值是根据它的热效应确定。正弦交流电流 i 通过电阻 R 在一个周期内所产生的热量和直流电流 I（或电压 U）通过同一电阻 R 在相同时间内所产生的热量相等，则这个直流电流 I 的数值叫作交流电流 i（或电压 U）的有效值，用大写字母表示，如 I、U 等。

测量交流电压、交流电流的仪表所指示的数字，电气设备铭牌上的额定值指的都是有效值。

从有效值的定义出发，可以推证正弦交流电的有效值与其最大值之间的关系为：

$$E=\frac{E_{\mathrm{m}}}{\sqrt{2}}\approx 0.707E_{\mathrm{m}}$$

$$I=\frac{I_{\mathrm{m}}}{\sqrt{2}}=0.707I_{\mathrm{m}}$$

$$U=\frac{U_{\mathrm{m}}}{\sqrt{2}}=0.707U_{\mathrm{m}}$$

$$U_{\mathrm{m}}=220\sqrt{2}=311\mathrm{V}$$

一般情况下，交流电的大小是指它们的有效值。电机、电器等的额定电流、额定电压也都用有效值来表示。交流电流表、电压表的读数都是指有效值。

四、矢量图

把同频率的交流电画在同一矢量图上时，由于矢量的角频率相同，所以不管其旋转到什么位置，彼此之间的相位关系始终保持不变。因此，在研究矢量之间的关系时，一般只要按初相角做出矢量，而不必标出角频率，如图 1-33 所示，可任选一个相量作为参考相量，而其他相量按照各相量与参考相量的相位差来确定。如果一个相量超前参考相量，则从参考相量开始，按逆时针方向转过相位差角，画出这一相量。

五、纯电阻电路

纯电阻电路，就是电路中没有电感也没有电容，只包含线性电阻的电路，电流与电压同相位，如图 1-34 所示。

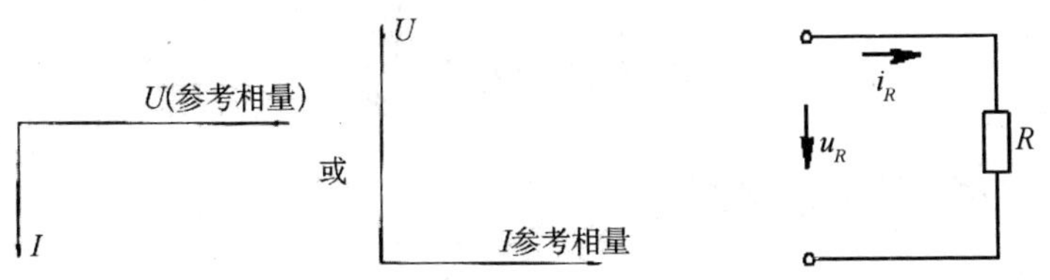

图 1-33　矢量关系　　　　图 1-34　纯电阻电路

（1）电阻元件上电流和电压之间的瞬时关系

$$i=\frac{u_R}{R}$$

（2）电阻元件上电流和电压之间的大小关系，若

$$u_R=U_{Rm}\sin(\omega t+\theta)$$

则 $i_R=\dfrac{u_R}{R}=\dfrac{U_{Rm}}{R}\sin(\omega t+\theta)=I_{Rm}\sin(\omega t+\theta)$

其中 $I_{Rm}=\dfrac{U_{Rm}}{R}$ 或 $U_{Rm}=I_{Rm}\cdot R$　　$I_R=\dfrac{U_R}{R}$

（3）功率

1）瞬时功率：交流电路中，任一瞬间，元件上电压的瞬时值与电流的瞬时值的乘积叫作该元件的瞬时功率，用小写字母 p 表示，即

$$p=ui$$

$$\begin{aligned}p_R&=u_Ri_R=U_{Rm}\sin\omega t\cdot I_{Rm}\sin\omega t\\&=U_{Rm}I_{Rm}\sin^2\omega t=\frac{U_{Rm}I_{Rm}}{2}(1-\cos2\omega t)\\&=U_RI_R(1-\cos2\omega t)\end{aligned}$$

2）平均功率：工程上都是计算瞬时功率的平均值，即平均功率，用大写字母 P 表示。周期性交流电路中的平均功率就是其瞬时功率在一个周期内的平均值，它等于最大瞬时功率的一半，即

$$P=\frac{1}{2}U_{Rm}\cdot I_{m}=\frac{1}{2}\sqrt{2}U_R\sqrt{2}I=U_RI$$

或 $$P=U_RI_R=I_R^2R=\frac{U_R^2}{R}$$

六、纯电感电路

在一个交流电路中，只有电感性质（如单个线圈的自感或变压器的互感）的负载，并且可忽略其电阻和分布电容，那么这个电路就是一个纯电感电路。图 1-35 为一纯电感电路，当电路中有交变电流 i 通过线圈 L 时，线圈上将产生自感电动势 e_L，它的大小方向为

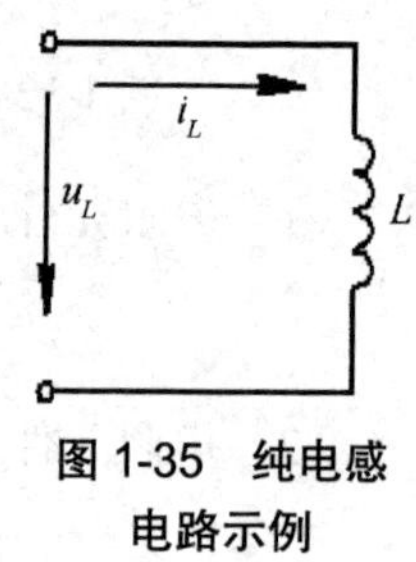

图 1-35　纯电感电路示例

$$e_L=-L\frac{\Delta i}{\Delta t}$$

式中，L——电感，H。

也就是说，在纯电感电路中，自感电动势的方向和所通过的电流相反，并且和电流的变化率成正比。

1. 电感元件上电压和电流的相位关系

为了维持电路中电流的通过，只有在线圈两端有着与自感电动势大小相等而方向相反的电压 u_L 才行，所以，线圈两端的电压超前电流 π/2 的，它的最大值正好可以抗衡自感电动势的最大值。纯电感电路中电压与电流的关系如图 1-36 所示。

纯电感电路中的电压超前电流 π/2，自感电动势滞后电流 π/2

$$i_L=I_{Lm}\sin\omega t$$

$$u_L=U_{Lm}\sin\left(\omega t+\frac{\pi}{2}\right)$$

$$e_L=E_{Lm}\sin\left(\omega t-\frac{\pi}{2}\right)$$

纯电感电路中电压和电流的相位关系如图 1-37 所示。

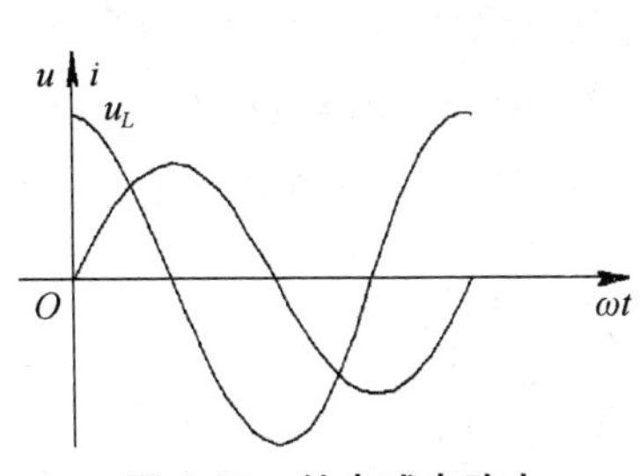

图 1-36　纯电感电路中电压与电流的关系

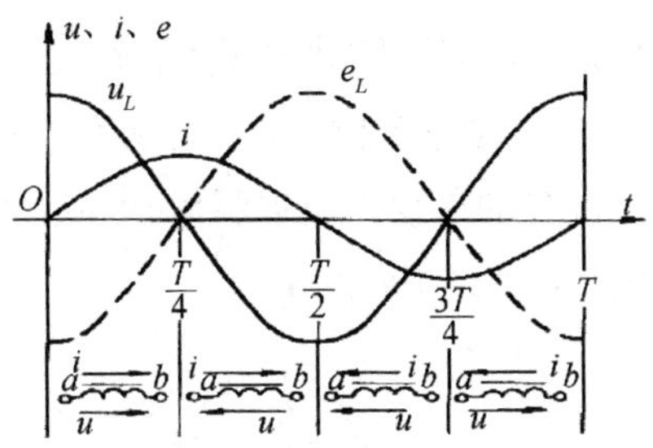

图 1-37　纯电感电路中电压和电流的相位关系

2. 电感元件上电压和电流的数值关系

$$X_L = \omega L = 2\pi fL$$

式中，X_L——感抗，Ω；

f——电流频率，Hz。

这样，我们就可以按欧姆定律的形式写出纯电感电路中电流、电压和感抗的关系：

$$I = \frac{U_L}{X_L} = \frac{U_L}{2\pi fL}\text{；}\ U_L = IX_L\text{；}\ X_L = \frac{U_L}{I}$$

3. 电感电路的功率

我们根据图 1-38 来分析这个问题。在第一个和第三个 1/4 周期内，电流 i 是增加的，而且电压 U_L 和电流 i 的方向相同，所以这两段时间里所有的瞬时功率为正值，即电源将电能传给线圈，线圈将电能转变为磁场能。在第二个和第四个 1/4 周期内，电流 i 是减小的，但方向未变，而电压 U_L 由于是超前电流 π/2 的，U_L 和 i 的方向相反，所以在这两段时间内，所有的瞬时功率为负值，即线圈将磁场能转变为电能送还给电源。

这样，在每半个周期内，纯电感电路中的平均功率等于零。也就是说，在纯电感电路中，没有能量消耗，只有电能和磁能的周期性转换。因此电感元件就是一种储能元件了。需要注意的是，虽然在纯电感电路中平均功率为零，但事实上电路中时刻都进行着能量的交换，所以瞬时功率并不为零。我们把瞬时功率的最大值，叫作无功功率：

$$Q_L = U_L \cdot I = U_L \cdot \frac{U_L}{X_L} = \frac{U_L{}^2}{X_L}$$

式中，Q_L——无功功率，Var。

无功功率表示电路中能量交换的最大速率，不能表示电路中功率的消耗情况，只有平均功率才表示电路中功率的消耗情况，所以平均功率也叫作有功功率。

例题 如图 1-39 所示，已知 40W 的日光灯电路，在 220V 的电压下，电流值为 I=0.36A，求该日光灯的功率因数 $\cos\phi$ 及所需的无功功率 Q。

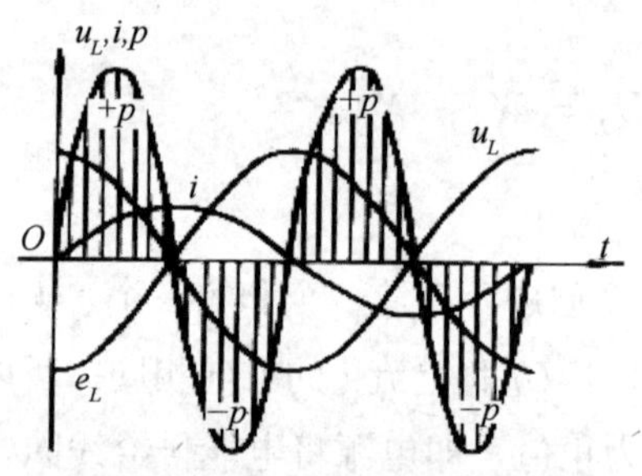

图 1-38 纯电感电路瞬时功率波形

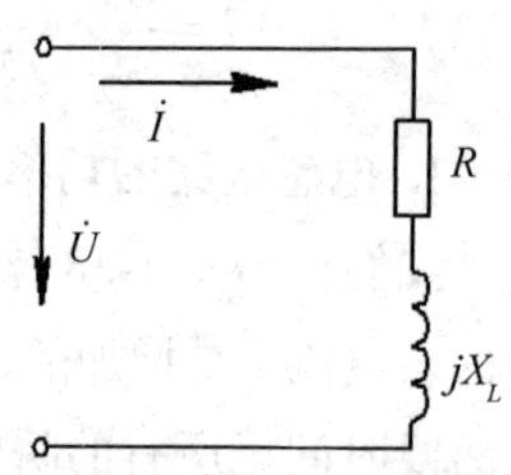

图 1-39 计算电路

解：因为 $P=UI\cos\phi$，所以

$$\cos\phi = \frac{P}{UI} = \frac{40}{220\times 0.36} = 0.5$$

由于是电感性电路，所以 ϕ=60°，电路中的无功功率为

$$Q = UI\sin\phi = 220\times 0.36\times \sin 60° = 69\text{var}$$

七、纯电容电路

交流电路中只具有电容性质的负载，且可忽略介质损耗和分布电感，那么这个电路就叫作纯电容电路。图 1-40 为一纯电容电路，当交变电压加在电容器两端时，它将从两个方向被交替充电，且向两个方向交替放电。电路中有交变电流通过。在交流电路中，电压达到最大值时电容充电完毕，这时电源电压方向未变但开始下降，电容立即通过电源放电，电路中的电流方向改变。电容器充放电瞬时电流的大小和方向为：

$$i = C\frac{\Delta u_c}{\Delta t}$$

即在纯电容电路中，电流的瞬时值与电容两端电压的变化率成正比关系。

1. 电流与电压的相位关系

我们从图 1-41 来分析电路中电流和电容两端电压之间的相位关系。

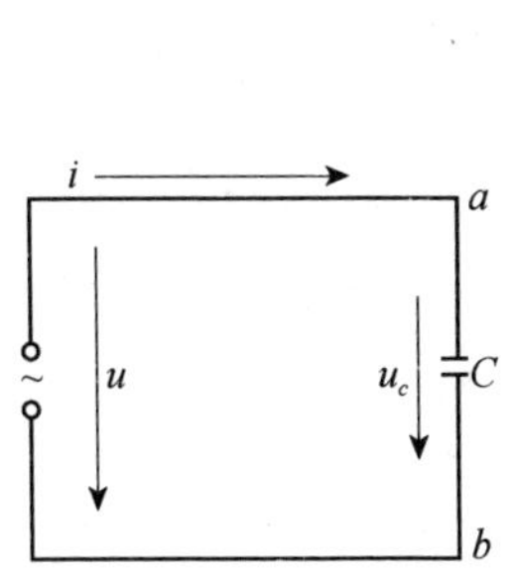

图 1-40　纯电容电器

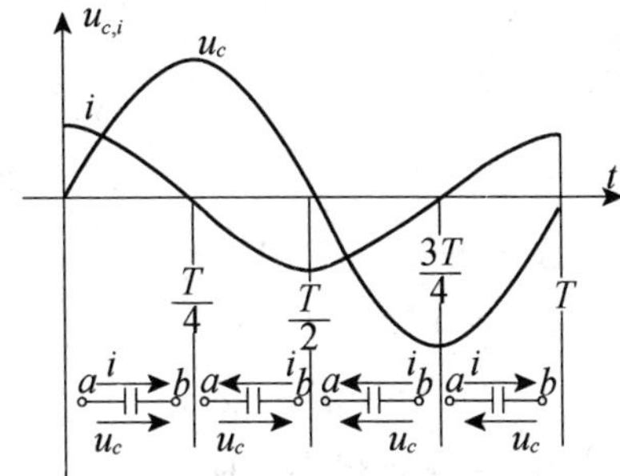

图 1-41　电流和电容两端电压的相位关系

正弦电压在它的第一个 1/4 周期开始时增长最快(即 $\Delta u_c / \Delta t$ 最大)，所以此时充电电流 i 最大，随着电压升高，其增长率减小，充电电流也减小，到第一个 1/4 周期结束时，电压达到最大，充电电流等于零；第二个 1/4 周期，电源电压下降，电容开始放电，放电电流与充电电流方向相反，到第二个 1/4 周期结束时，放电电流达到最大值。第三个、第四个 1/4 周期重复第一个、第二个 1/4 周期的充放电过程，不过对电容两极来说是完全相反的过程而已。可以看出，在电容放电的时刻，即电流改变方向的时刻，电压方向未变只是开始下降，两者相位正好相差 1/4 周期，即电流的相位比电压相位超前 π/2，用解析式表示为：

$$u = U_{\mathrm{m}} \cdot \sin \omega t$$

$$i = I_{\mathrm{m}} \cdot \sin\left(\omega t + \frac{\pi}{2}\right)$$

2. 电流与电压的数量关系

交流电通过电容器时，受到充电电压的阻碍作用，这种阻碍作用，也和电阻 R 对电流的阻碍作用有本质的区别。一是电容电压的反抗作用（即容抗）只能表示交流电电流与电压有效值（或最大值）之间的关系，而不能表示瞬时值之间的关系；二是电容对电流的阻碍作用，除了和电容器的电容值大小有关，还和电流的频率有关，即：

$$X_c = \frac{1}{\omega C} = \frac{1}{2\pi f C}$$

式中，X_c——容抗，Ω；

C——电容，F；

ω——角频率，red/s；

f——电流频率，Hz。

我们也可以按欧姆定律的形式写出纯电容电路中电流、电压和容抗之间的关系：

$$I = \frac{U_c}{X_c} = 2\pi f C U_c\text{；}\quad X_c = \frac{U_c}{I}\text{；}\quad U_c = I X_c$$

3. 电容电路的功率

我们根据图 1-42 来分析这个问题，在第一个和第三个 1/4 周期内，电流 i 是减小的，但是电压 U_c 和电流 i 的方向相同。所以这两段时间里，所有的瞬时功率为正值，即电源将电能传给电容器，电容器将电能转变为电场能。在第二个和第四个 1/4 周期内，电流 i 是增大的，但方向已变，由于电压 U_c 滞后于电流 $\pi/2$，此时与电流方向相反，因此，在这两段时间内，所有的瞬时功率为负值，即电容器将电场能转变为电能送还给电源。

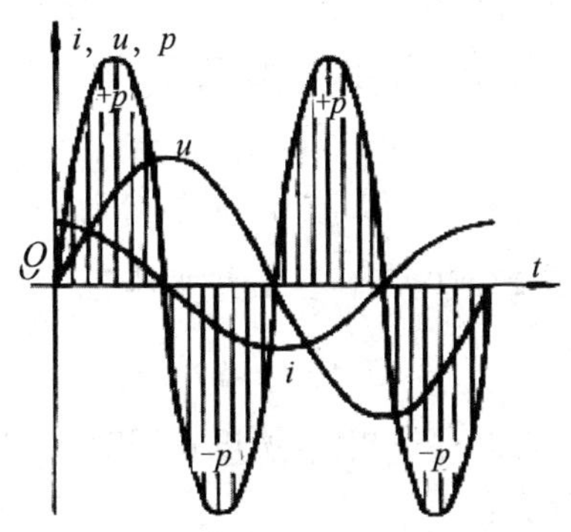

图 1-42　纯电容电路瞬时的功率波形

在每半个周期内，纯电容电路中的平均功率等于零。所以，在纯电容电路中，也没有能量的消耗，只有电能和电场能的周期性转换，因而电容器也就是一种储能元件。

需要注意的是，虽然在纯电容电路中的平均功率为零，事实上电路中每时每刻都在进行着能量的交换，所以瞬时功率并不为零，我们把瞬时功率的最大值，叫作无功功率。

例题　电容器的耐压值为 250V，问能否用在 220V 的单相交流电源上？

解：因为 220V 的单相交流电源为正弦电压，其振幅值为 311V，大于其耐压值 250V，电容可能被击穿，所以不能接在 220V 的单相电源上。各种电器件和电气设备的绝缘水平（耐压值），要按最大值考虑。

八、电阻和电感的串联电路

（1）电压关系，图 1-43 为 $R-L$ 串联电路，通过各元件的电流强度相等，电压瞬时值为

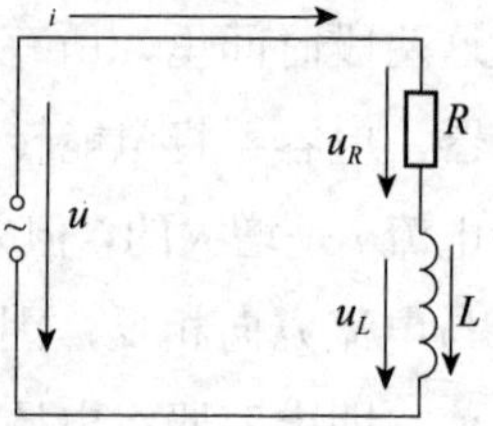

$$u = u_R + u_L$$

图 1-43　R—L 串联电路

因为 u_R 与电流相位相同，所以其最大值为

$$U_{Rm} = I_m \cdot X_L$$

因为 u_L 的相位超前电流 $\frac{\pi}{2}$，其最大值为

$$U_{Lm} = I_m \cdot X_L$$

因为 u_R 与 U_L 之间存在相位，所以它们的最大值不在同一瞬时出现，则总电压最大值

$$U_M < U_{mR} + U_{LR}$$

因此，$U < U_R + U_L$，只能用矢量相加，如图 1-44 所示。图中 3 个电压构成的三角形叫作电压三角形，斜边为电压的矢量和 U，两直角边分别为 U_R 和 U_L，由勾股定理可得：

$$U^2 = {U_R}^2 + {U_L}^2$$

$$U = \sqrt{{U_R}^2 + {U_L}^2}$$

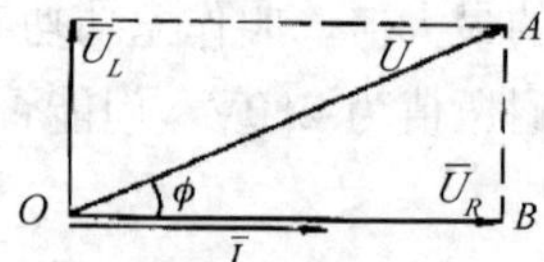

图 1-44　R—L 串联电路电压、电流矢量和电压三角形

ϕ 角就是总电压与电流间的相位差。

（2）阻抗：根据$U=\sqrt{U_R{}^2+U_L{}^2}$及$U_L=IX_L$，可得

$$U=\sqrt{(IR)^2+(IX_L)^2}=\sqrt{I^2R^2+I^2X^2}$$
$$=\sqrt{I^2(R^2+X_L{}^2)}=I\sqrt{R^2+X_L{}^2}$$
$$\frac{U}{I}=\sqrt{R^2+X_L{}^2}$$

令$Z=\sqrt{R^2+X_L{}^2}$，称为阻抗，单位为欧（Ω）。

$$U=I\cdot Z \qquad Z=\frac{U}{I} \qquad I=\frac{U}{Z}$$

电压三角形中，若各边同除以电流 I，则得出阻抗三角形，如图 1-45 所示。

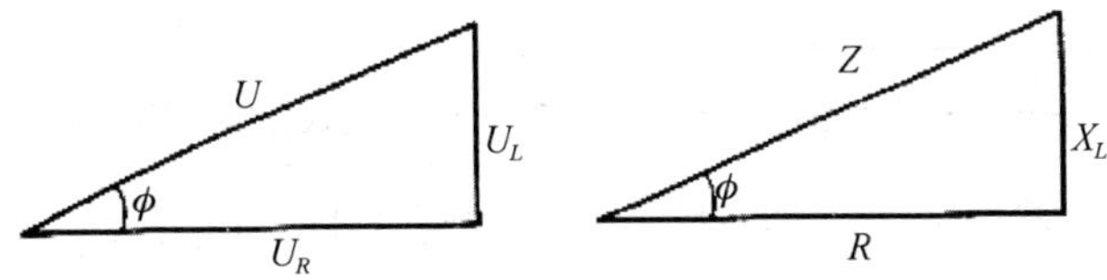

图 1-45　阻抗三角形

从阻抗三角形中可得

$$Z=\sqrt{R^2+X_L^2}\text{，}\quad R=\sqrt{Z^2-X_L^2}\text{，}\quad X_L=\sqrt{Z^2-R^2}$$

ϕ 为超前电流的相位角

$$\tan\phi=\frac{X_L}{R} \qquad \cos\phi=\frac{R}{2}$$

九、电阻、电感串联与电容并联电路

在电力系统中，大多数负载都属于电感性质，它既有 R 又有 L，这类负载与电容并联之后，在实用工程上有重要意义。

如图 1-46 所示，各支路两端的电压相同，而电流为

$$\overline{I}=\overline{I}_1+\overline{I}_2 \qquad I_1=\frac{U}{Z}=\frac{U}{\sqrt{R^2+X_L^2}}$$

在这个电路中，I_1是R—L串联电路电流，所以滞后电压一个ϕ_1角；而I_2是电容电流，超前电压π/2。因此I_1和I_2只能用矢量法相加，如图1-47所示。由于并联电容的数值不同（容抗不同），I_c也不同，使ϕ角也不相同。

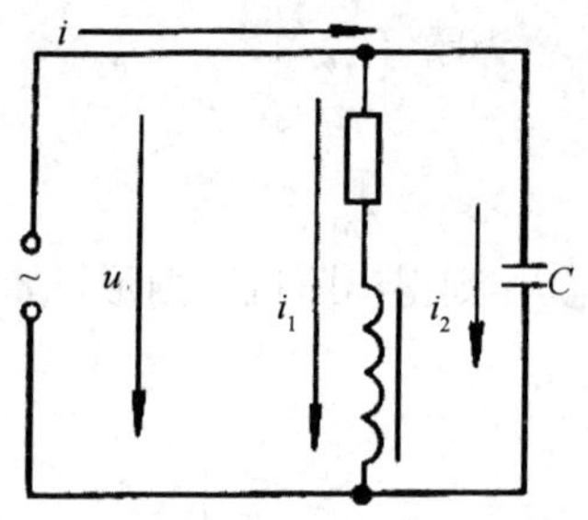

图1-46　R—L—C串并联电路

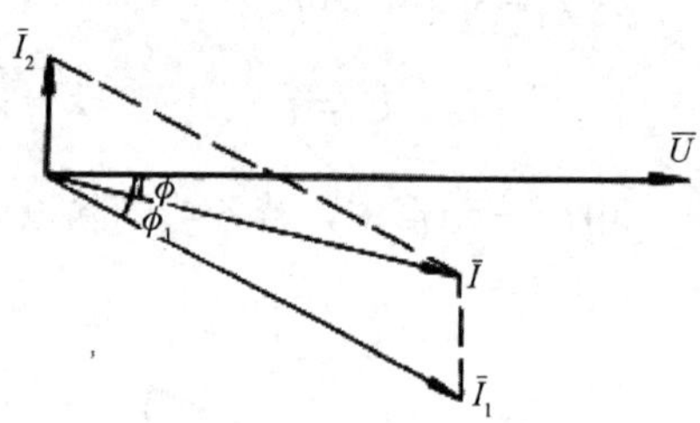

图1-47　并联补偿电路矢量图

当I_c较小时，$\overline{I}$仍滞后于$\overline{U}$，如图1-48（a）所示，整个电路呈感性，但Q_L有一部分是由电容提供的，这样，电源供给的无功功率减少了，所以I减少，由于$\phi<\phi_1$，线圈所需的无功功率只由电容补偿了一部分，称为欠补偿。

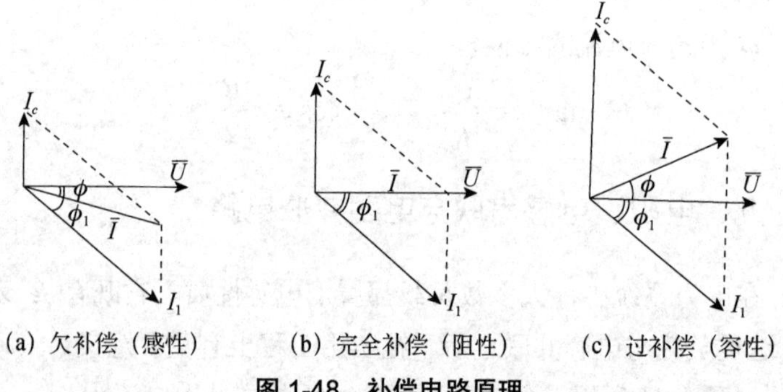

（a）欠补偿（感性）　（b）完全补偿（阻性）　（c）过补偿（容性）

图1-48　补偿电路原理

当$\overline{I}_c$的数值正好使$\overline{I}$与电源电压$\overline{U}$同相，即$\phi=0$，这时电路呈阻性，这种情况叫并联谐振，如图 1-48（b）所示，电路中的总电流达到最小值，线圈的无功功率刚好等于电容的无功功率$Q_L=Q_C$，电源只需要向电阻提供有功功率，这叫完全补偿。

当$\overline{I}_c$较大时，将超前$\overline{U}$一个ϕ角，电路即呈电容性，Q_L完全由电容提供，但电容与电源之间还有能量交换，如图 1-48（c）所示，这叫过补偿。

十、提高功率因数的意义和方法

功率因数是电力系统中一个非常重要的参数，提高电路的功率因数，在电力系统中有着重要的经济意义。

功率因数低会引起下述不良后果：

（1）电源设备的容量不能得到充分的利用。

（2）增加了线路上的功率损耗和电压降。

1. 提高功率因数的意义

提高功率因数的意义，可以从充分发挥电源设备的利用率和节约电能两个方面来理解。

（1）充分发挥电源设备的利用率

功率因数高，电源的利用率就高。发电机和变压器等电源设备在正常运行时不能超过其额定电压U和额定电流I，也就是说，电源设备的视在功率S是一定的。由$P=S\cos\phi$可知，功率因数越高，电源输出的有功功率就越大，电源的利用率就越高。

（2）节约电能

由公式$P=UI\cos\phi$可知，当负载的有功功率和供电系统的输电电压为一定时，线路上的电流为

$$I=\frac{P}{U\cos\phi}$$

$\cos\phi$越高，电路中的电流就越小；反之，电路中的电流就会增大。这就是说，在输送一定能量的情况下，电路功率因数越高，电路中的电流就越小，线路上的能量损耗、电压损耗就会减小，相应地输电导线的截面也可以减小。显然，功率因数的提高，具有一定的经济意义。

2. 提高功率因数的方法

在生产实践中，大多数负载属于感性负载，如日光灯、电动机等，感性负载的功率因数一般不高，为此要提高感性负载的功率因数。提高功率因数的主要措施是进行无功功率的人工补偿，所用的设备主要有同步补偿机和并联电容器。因并联电容器无旋转部分，安装简单、运行维护方便、有功损耗小、组装灵活及扩建方便等优点，所以并联电容器是提高功率因数最为普遍的一种方法。

并联电容器提高功率因数的原理在上一节中已有详尽的阐述，这里就不再赘述。

3. 并联补偿电容的计算

利用矢量图（图 1-47）可以推出并联补偿电容器的电容量。假设并联电容前电路的功率因数为 $\cos\phi_1$，并联电容后功率因数提高至 $\cos\phi$，则需并联的电容值为

$$C=\frac{P}{\omega U^2}(\tan\phi_1-\tan\phi) \qquad Q_C=\omega U^2C=P(\tan\phi_1-\tan\phi)$$

式中，C——需并入的电容量，F；

P——负载上消耗的有功功率，W；

U——电路的额定电压，V；

ω——交流电的角频率，rad/s；

ϕ_1——未并电容时的功率因数角；

ϕ——并入电容后的功率因数角；

Q_C——电力电容器额定容量，又称额定无功功率，var。

第五节　三相交流电路

一、三相对称电动势的产生

现代生产上的电源，几乎都是三相交流电源，所谓三相交流电，就是 3 个频率相同、电动势最大值相等，相位互差 120°的正弦交流电。

三相交流电是三相交流发电机产生的，它的基本构造是在一对磁极中，放置 3 个彼此相差 120°的绕组作为转子，如果我们把发电机转子中 3 个线圈的末端全部连接于 N 点，通过一根导线（中性线）引出来，又分别从 3 个线圈的首端引出 3 根导线，如图 1-49 所示，这样就将 3 个单相电源联合在一起了。我们称这种连接方式为发电机的星形（Y）连接。

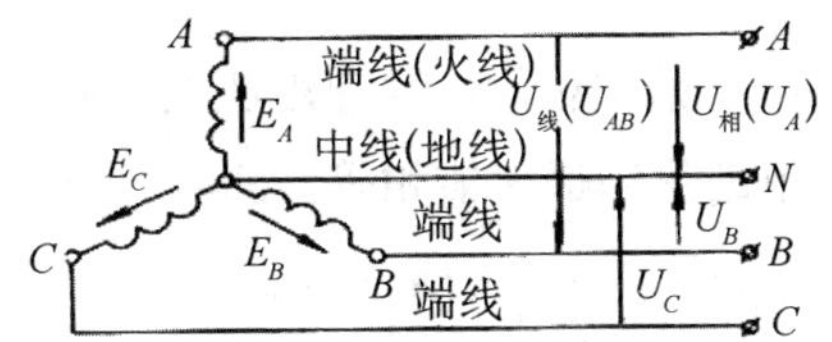

图 1-49　三相交流电的星形连接三相四线制供电

在星形连接方式中，任何两根端线之间的电压称为线电压；任何一根端线和中性线之间的电压称为相电压。

我国的三相四线制供电系统中，送至负载的线电压一般为

380V；相电压则为 220V。

从图 1-50 中我们可以看出三相交流电动势的性质和特征。

令发电机转子做逆时针方向旋转。绕组 AX 从中性面开始旋转，它所产生的电动势的初相角为零。电动势瞬时值为：

$$e_A = E_{Am}\sin\omega t$$

绕组 BY 与 AX 在空间互差 120°，也按同样的角速度旋转，则它所产生的电动势 e_B 滞后 e_A120°，所以：

$$e_B = E_{Bm}\sin(\omega t - 120°)$$

同理，绕组 CZ 的电动势 e_C 滞后 e_B 120°，则 e_C 超过 e_A 120°，所以

$$e_C = E_{Cm}\sin(\omega t + 120°)$$

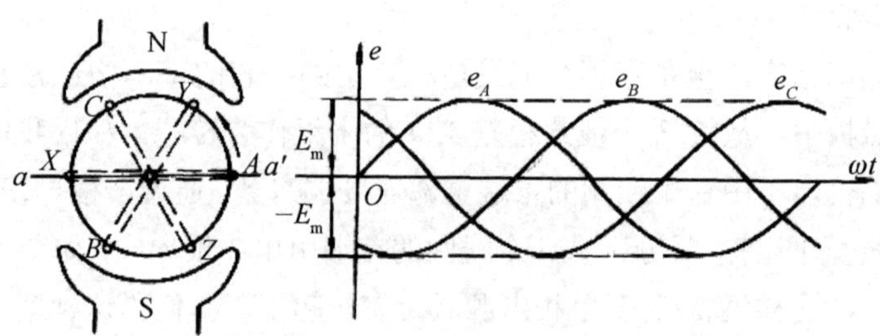

图 1-50　三相交流电动势

由于三相绕组的结构相同，角速度相同，在空间互差 120°，所以它们的感应电动势的最大值相等，即

$$E_{Am} = E_{Bm} = E_{Cm}$$

角频率相等，相位差互为 120°。

它们的矢量和等于零，如图 1-51 所示，即

$$\overline{E}_A + \overline{E}_B + \overline{E}_C = 0$$

而且，在任一瞬间，三相对称电动势的代数和也等于零，即

$$e_A + e_B + e_C = 0$$

每一相绕组电压的有效值应是

$$U_A = U_B = U_C$$

并且每相电压相位差为 120°。两端线之间的电压 U_{AB}、U_{BC}、U_{CA} 的数值是多少呢？

我们从图 1-52 中可以看出（注意电压方向）：

$$\bar{U}_{AB} = \bar{U}_A - \bar{U}_B\text{；}\qquad \bar{U}_{BC} = \bar{U}_B - \bar{U}_C\text{；}\qquad \bar{U}_{CA} = \bar{U}_C - \bar{U}_A$$

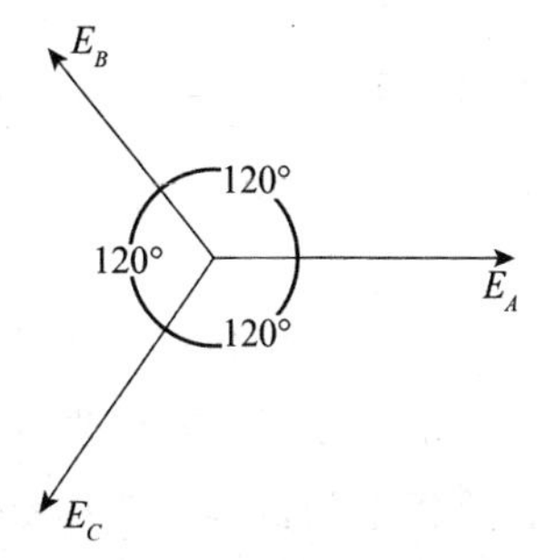

图 1-51　三相对称电动势的矢量图

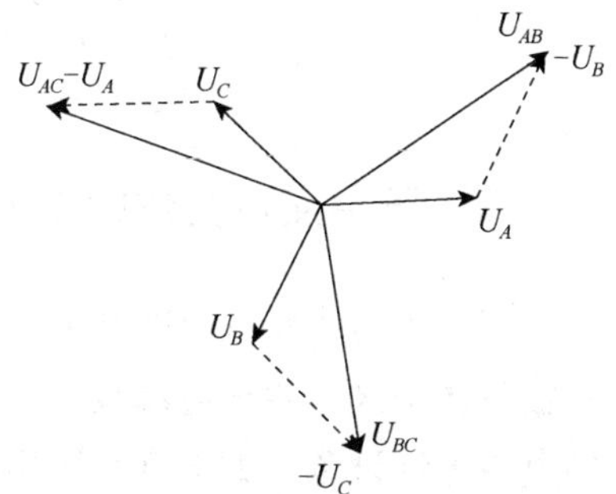

图 1-52　星形接法相电压与线电压的矢量图

作它们的矢量相加，如图 1-52 所示，可以看出线电压大于相电压，并且

$$U_{AB} = U_{BC} = U_{CA}$$

图 1-53 中 $\bar{U}_A$、$\bar{U}_B$ 和 $\bar{U}_C$ 构成顶角为 120°的等腰三角形，在顶点向底边作一垂线，则分为相等的两段，得到两个相等的直角三角形，则

$$\cos 30° = \frac{\frac{U_{AB}}{2}}{U_A}$$

$$U_{AB} = 2U_A \cos 30° = 2U_A \times \frac{\sqrt{3}}{2} = \sqrt{3} U_A$$

这就是说，线电压是相电压的 $\sqrt{3}$ 倍，也就是 $U_{线} = 380\text{V} =$

$\sqrt{3}U_{相}=\sqrt{3}\times220\text{V}$ 的道理。

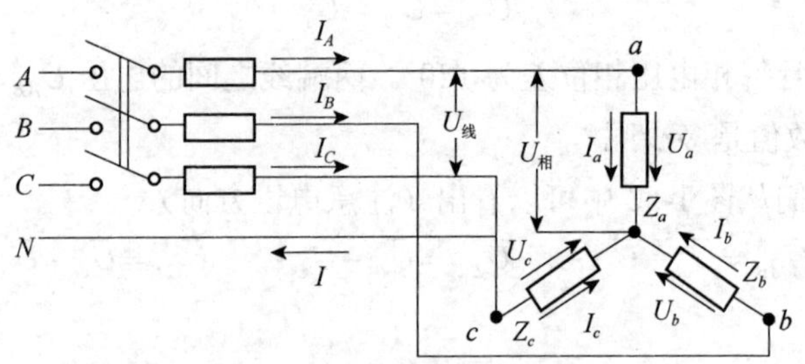

图 1-53　三相负载的星形连接

二、三相交流负载的星形连接

在三相四线制供电的交流电路中，负载有单相和三相之分。单相负载是只用两根电源线（也可以是一根相线、一根中性线）供电的电气设备，如电灯、民用电炉、单相电动机等，单相负载大都使用一根火线和一根中性线，所以它们的额定电压为 220V，电流和功率的计算，根据负载的性质而定。三相负载是指三根相线同时供电的电气设备，如三相电动机等。

为了使三相四线供电系统中各相相线的电流基本相同，我们应当尽量使各相的负荷相等，但事实上是难以办到的。

图 1-53 是三相负载的星形连接，加在各负载两端的相电压为 U_a、U_b、U_c，相电流 I_a、I_b、I_c 分别通过各相负载从中性线流回电源。可以看出，此时相电流等于线电流。即

$$I_{相}=I_{线}$$

而中性线电流的有效值为三个相电流的矢量和，即

$$\bar{I}_o=\bar{I}_a+\bar{I}_b+\bar{I}_c$$

一般情况下，中性线中的电流总是小于线电流，负载越平衡对称，中性线的电流越小。各相负载不平衡时，互不干扰，各相

电压不变，只有中性线电流变化，若中性线断开，线电压虽然仍对称，但各相负载所承受的对称相电压遭到破坏，使得有的负载承受的电压低于额定电压，有的负载承受的电压高于额定电压，都将不能正常工作。因此在三相四线制供电系统中，中性线的连接必须可靠，并且不允许装熔断丝和开关。

三相电路中各相的阻抗、电流、功率等，可用阻抗三角形求得，各相负载的阻抗为

$$Z_a=\sqrt{R_a^2+X_a^2}\ ;\quad Z_b=\sqrt{R_b^2+X_b^2}\ ;\quad Z_c=\sqrt{R_c^2+X_c^2}$$

各相电流为

$$I_a=\frac{U_a}{Z_a}=\frac{U_{相}}{Z_a}=\frac{U_{线}}{\sqrt{3}Z_a}\ ;\quad I_b=\frac{U_b}{Z_b}=\frac{U_{相}}{Z_b}=\frac{U_{线}}{\sqrt{3}Z_b}\ ;$$

$$I_c=\frac{U_c}{Z_c}=\frac{U_{相}}{Z_c}=\frac{U_{线}}{\sqrt{3}Z_c}$$

各相负载的电流与电压的相位为

$$\cos\phi_a=\frac{PU_a}{Z_a}\ ;\quad \cos\phi_b=\frac{PU_b}{Z_b}\ ;\quad \cos\phi_c=\frac{PU_c}{Z_c}$$

各相负载的有功功率为：$P_a=U_aI_a\cos\phi_a$；$P_b=U_bI_b\cos\phi_b$；$P_c=U_cI_c\cos\phi_c$

三相总功率为：$P_{总}=P_a+P_b+P_c$

如果各相负载完全对称，即$R_a=R_b=R_c$，$X_a=X_b=X_c$，而且性质相同，则各相的电流大小及电压的相位差均相同，这样的负载称为三相对称负载，其中性线电流等于零，因此中性线可以省去。即在三相对称负载电路中，

$$I_a=I_b=I_c=I_{相}=\frac{U_{相}}{Z_{相}}=\frac{U_{线}}{\sqrt{3}Z_{相}}$$

$$\phi_a=\phi_b=\phi_c=\phi_{相}\quad \bar{I}_a+\bar{I}_b+\bar{I}_c=0\quad U_{相}=\frac{U_{线}}{\sqrt{3}}$$

$$P = 3P_{相} = 3U_{相} \cdot I_{相} \cdot \cos\phi_{相} = 3\frac{U_{线}}{\sqrt{3}} \cdot I_{线} \cdot \cos\phi_{相} =$$

$$\sqrt{3}U_{线} \cdot I_{线} \cdot \cos\phi_{相}$$

如果这种无中性线的三相三线制供电系统，三相负载不对称或一相断线，则不但不能正常工作，而且会出现比三相四线供电中性线断开时更为严重的后果。

三相电动机属于三相对称负载，因此可以用三相三线制供电，但一相断线，就不能正常工作，且会烧毁电动机。

三、三相交流负载的三角形连接

在三相负载中，根据需要也可采取三角形连接，如图 1-54 所示。

在各相负载对称的情况下，各相电流也对称，其矢量图如图 1-55 所示。但是各相电流的正方向是由加在该相的电压正方向来决定的。在三角形连接的各个节点上，均有 3 条分路，因而线电流不等于相电流，如图 1-55 所示。

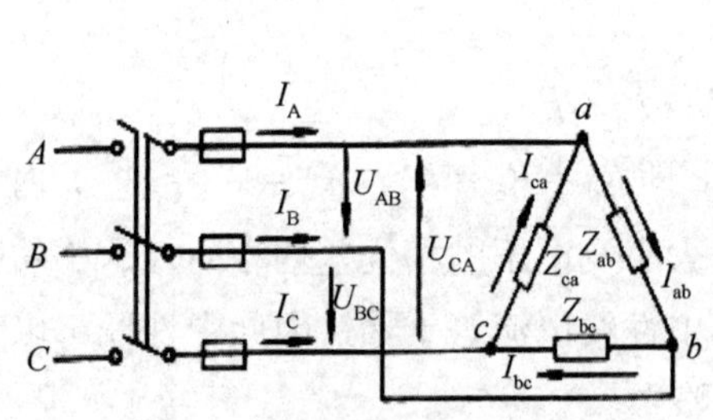

图 1-54　三相负载的三角形连接

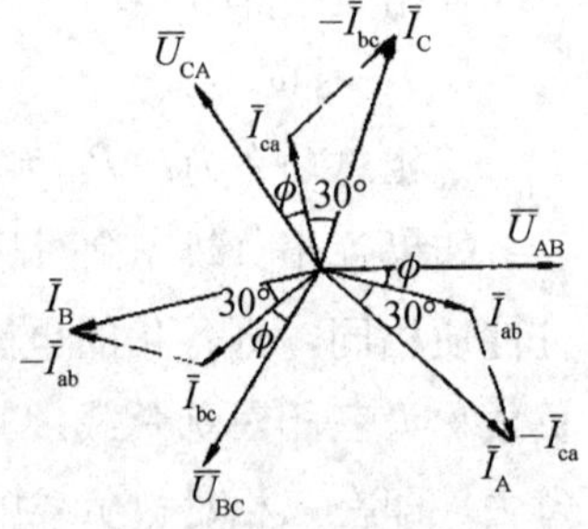

图 1-55　负载三角形连接时电压、电流矢量图

$$\overline{I}_A = \overline{I}_{ab} = \overline{I}_{ca}$$

$$\overline{I}_B = \overline{I}_{bc} = \overline{I}_{ab}$$

$$\overline{I}_C = \overline{I}_{ca} = \overline{I}_{bc}$$

由此可得

$$I_A = 2I_{ab}\cos 30° = 2\times\frac{\sqrt{3}}{2}I_{ab} = \sqrt{3}I_{ab}$$

$$I_B = \sqrt{3}I_{bc}$$

$$I_C = \sqrt{3}I_{ca}$$

因为三个相电流是对称的，所以三个线电流也是对称的，但线电流较其对应的相电流滞后 30°，三相对称负载自电源取用的功率为

$$P_{总} = 3P_{相} = 3U_{相}\cdot I_{相}\cdot\cos\phi_{相} = 3U_{相}\cdot\frac{I_{线}}{\sqrt{3}}\cdot\cos\phi_{相}$$

$$= 3U_{线}\cdot\frac{I_{线}}{\sqrt{3}}\cdot\cos\phi_{相} = \sqrt{3}U_{线}\cdot I_{线}\cdot\cos\phi_{相}$$

在三相负载不对称时，三角形接法仍可采用，只要负载正常工作时所需要的电压等于线电压就行。这时线电流仍大于相电流，可以用各相的阻抗除线电压来计算，先求出各相电流，再按矢量相加的办法求出各线电流。

第二章　电 气 识 图

第一节　电气工程图的种类及电气常用图形符号

一、电气工程图的分类

图纸是工程技术界的共同语言。设计部门用图纸表达设计思想，生产部门用图纸指导加工与制造，使用部门用图纸指导使用、维护和管理，施工部门用图纸编制施工计划、准备材料、组织施工等。

由于电气技术的复杂性、广泛性和特殊性，电气图也逐渐形成了一种独特的专业技术图种。电气图一般是指用电气图形符号、带注释的围框或简化的外形表示电气系统或设备中的组成部分之间相互关系及其连接关系的一种图，目前执行的是中华人民共和国国家质量监督检验检疫总局、中国标准化管理委员会发布的《电气工程 CAD 制图规则》（GB/T 18135—2008）。

电气工程图是表示电力系统中的电气线路及各种电气设备、元件、电气装置的规格、型号、位置、数量、装配方式及其相互关系和联结的安装工程设计图。

电气工程图的种类很多，按电气工程施工适用范围可分为：

① 内线工程图：照明系统图、动力系统图、电话工程系统图、共用天线电视系统图、防雷系统图、防盗系统图、广播系统图、变配电系统图等。

② 外线工程图：架空线路图、电缆线路图、室外电源配电线路图。

③ 临时用电施工图：图纸主要包括用电工程总平面图、配电装置布置图、配电系统接线图、接地装置设计图纸等。

具体到电气设备安装施工，按其表现的内容不同分为以下几种类型：

1. 首页

首页主要内容包括目录和设计说明两大部分：

（1）图纸目录包括序号、图纸名称、图号、张数等。

（2）设计说明主要阐述电气工程的设计依据，基本指导思想和原则，图纸中未能清楚表明的工程特点、安装方式、工艺要求、特殊设备的安装说明，有关施工中注意的事项。

2. 电气平面图

电气平面图是表示电气设计各项的平面布置图，根据使用要求不同分为电气照明平面图、电力平面图、弱电系统平面图、防雷平面图等。电气平面图主要表示的内容包括：电源进线和电源配电箱及各分配电箱、控制箱的形式、安装位置以及安装方式等。施工用电电气平面图如图 2-1 所示。

（1）弱电进线和弱电箱的形式、安装位置以及安装方式等。

（2）电力、照明、弱电线路中导线的根数、型号、规格、走向、敷设位置、配线方式及导线连接方式等。

（3）用电设备的型号、规格、容量、平面布置等。

（4）照明灯具的类型，灯泡和灯管的功率，灯具的安装方式和安装位置等。

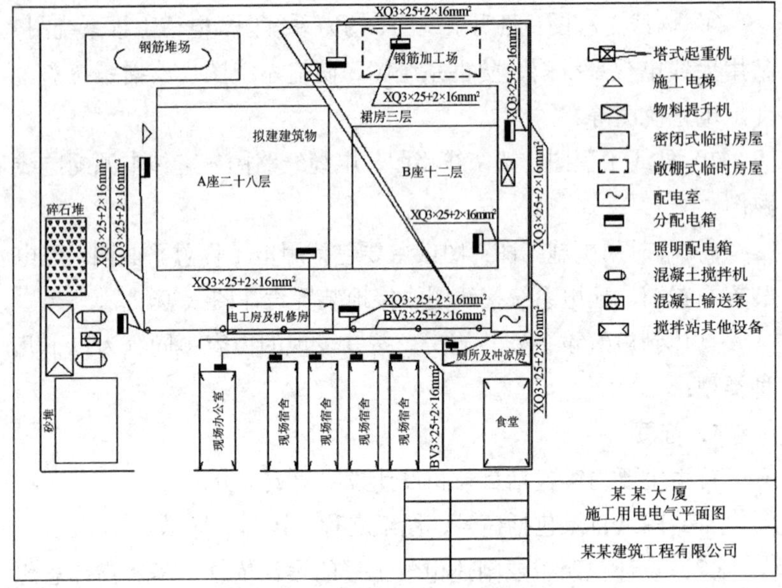

图 2-1　施工用电电气平面图示例

（5）照明开关的类型、安装位置及接线等。

（6）插座及其他日用电器的类型、容量、安装位置及接线等。

（7）防雷接地、等电位连接的平面布置、安装位置、安装方式、材料型号规格、高度要求与设计、施工要求等。

对多层建筑物每一层应有一张平面图，对相同布置的可用一张图纸来代替称为标准层平面图，且照明、电力、防雷接地、弱电应分别绘制。

3. 电气系统图

电气系统图从总体上描述系统，它是各种电气装置成套电气图的第一张图，它是设计人员编制更为详细的其他电气图的基础，是进行有关电气计算、选择主要电气设备、拟订供电方案的依据，具体体现的内容为电源引线、干线和分干线的规格和型号，相数及线路编号、设备型号及电气设备安装容量等，如图 2-2、图 2-3 所示。

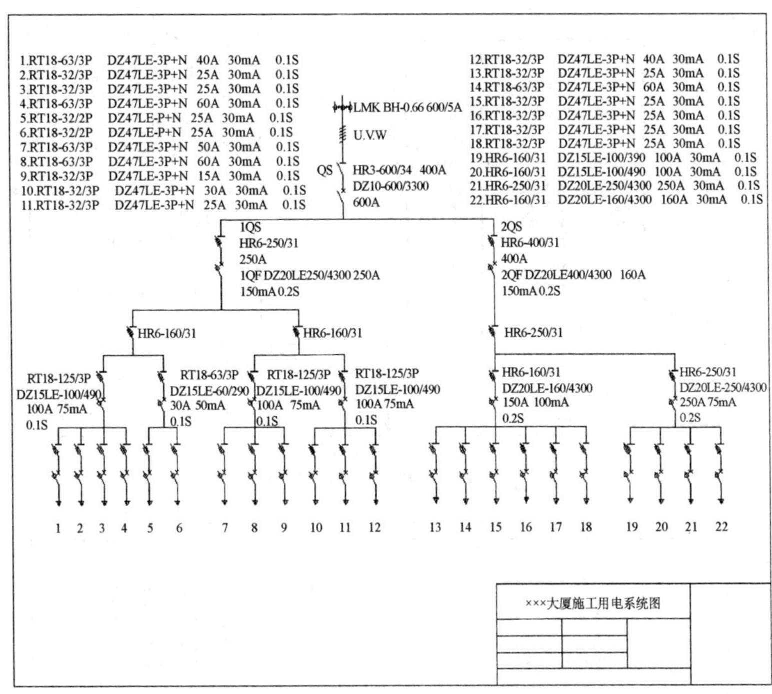

图 2-2　施工用电电气系统图示例

4. 电气控制原理图

在一般施工中，由于电气设备使用的是定型产品，原理图一般附于产品说明书内。需要配套设计时出图，如图 2-4 所示。

5. 电气材料表

电气材料表是把某一电气工程所需主要设备、元件、材料和有关数据列成表格，表示其名称、符号、型号、规格、数量、备注（生产厂家）等内容。

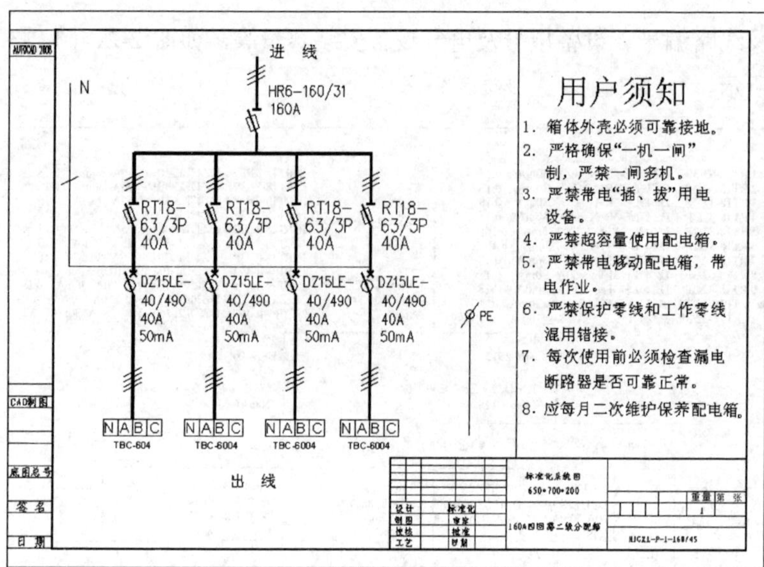

图 2-3 标准化系统图示例

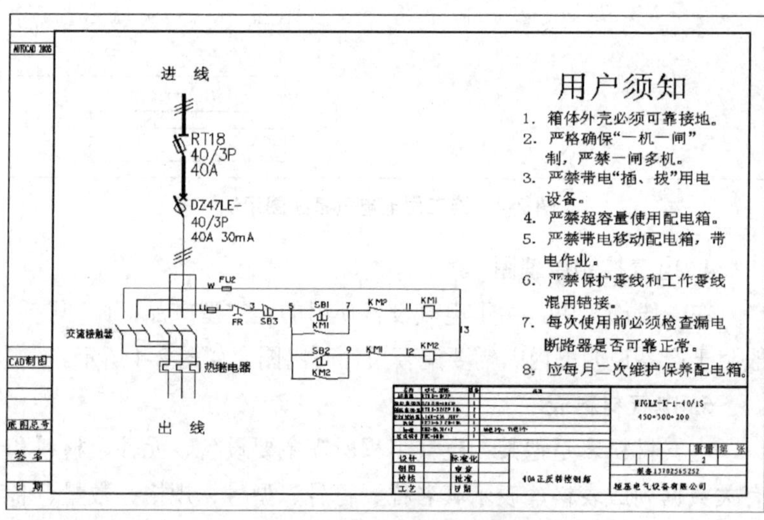

图 2-4 电气控制原理图示例

二、电气图形符号

可查阅《电气简图用图形符号　第 1 部分：一般要求》（GB/T 4728.1—2018）

第二节　电气安装施工图的识读

一、电气安装施工图的识读步骤

（1）按目录核对图纸数量、查出涉及的标准图。

（2）详细阅读设计施工说明，了解材料表内容及电气设备型号含义。

（3）分析电源进线方式及导线型号、规格。

（4）仔细阅读电气平面图，了解和掌握电气设备的布置、线路编号、走向、导线规格、根数及敷设方法。

（5）对照平面图，查看系统图，分析线路的连接关系，明确配电箱的位置、相互关系及箱内电气设备安装情况。

二、电气安装施工图识读应注意的事项

（1）必须熟悉电气施工图的图例、符号、标注及画法。

（2）要正确理解设计意图、设计原则及提出的注意事项。

（3）有不清楚之处或发现有问题之处或有更好的施工方案时要按程序及时提出，获得明确答复后方可施工，不得随意变更设计。

（4）要有立体空间思维，正确确定线路走向、标高、间距。

（5）电气图与土建图以及相关的其他专业图纸要对照识读，发现矛盾之处要及时提出，以便及时协调解决。

（6）要准确计算工程量。

第三章　常用电工仪表及应用

第一节　电压表

测量电路电压的仪表叫作电压表，也称伏特表，图 3-1 是开关板式的电压表，在表盘上注有符号“V”的字样，标尺上的数字表明它的最大量限。

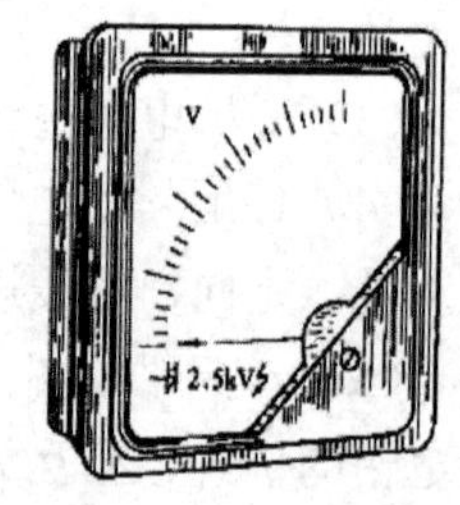

图 3-1　开关板式电压表

测量高于 1 000V 的电压时，注有符号“kV”字样。测量低于 1V 的电压时，注有符号“mV”字样。电压表有交流和直流的区别，但它们的接线方法都是与被测量的电路并联。

因电压表与被测量电路并联，为了不影响电路的工作状态，电压表内阻一般都很大。高量程的电压表通常都串联一只电阻，使通过电压表的电流按比例减小，这只电阻叫倍率电阻，有的装在表内，有的装在表外，和仪表配套使用，并在表盘上注有“外附电阻器”的字样。外附电阻器是电压表的附件，没有它就不能使用，否则通过电流太大，会烧坏仪表。

一、直流电压表的接线方法

直流电压表的接线，要注意它的正负极，在直流电压表的接线柱旁边都注有“＋”和“－”的标记，接线柱的“＋”与被测量电压的高电位连接，接线柱的“－”与被测量电压的低电位连接，如图 3-2 所示。正负极不能接错，否则指针就会反转，可能导致指针打弯。

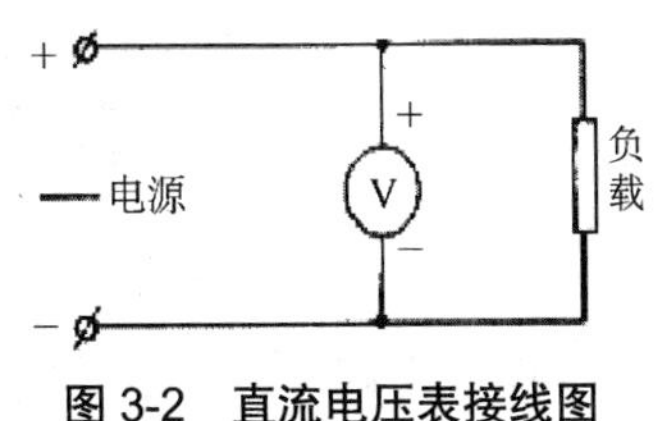

图 3-2　直流电压表接线图

二、交流电压表的接线方法

在低压电路中，电压表可以直接接在被测量电压的线路上，如图 3-3 所示。在高压电路测量中，不能用普通电压表直接测量，一般都要通过电压互感器连接，其接线方法如图 3-4 所示。电压互感器的一次绕组接到被测量的高压线路上，二次绕组接在电压表的两个接线柱上。当电压互感器一次绕组接入电源时，二次绕组被感应，产生低压电流通过电压表，指针偏转就有了读数。

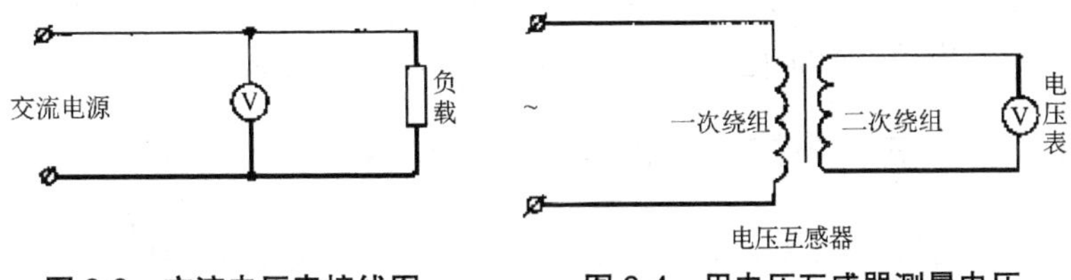

图 3-3　交流电压表接线图　　**图 3-4　用电压互感器测量电压**

为了测量方便，电压互感器一般都采用标准的电压比值，如 3 000/100V、6 000/100V 等。尽管电压互感器的一次绕组电压是 3 000V、6 000V 或更高些，但其二次绕组电压总是 100V。因此，都可以用 0～100V 的电压表测量。一般装在配电盘上的电压表，其表面刻度数字都已归算好了，从表盘上就可直接读出测量的电压值。

第二节 电流表

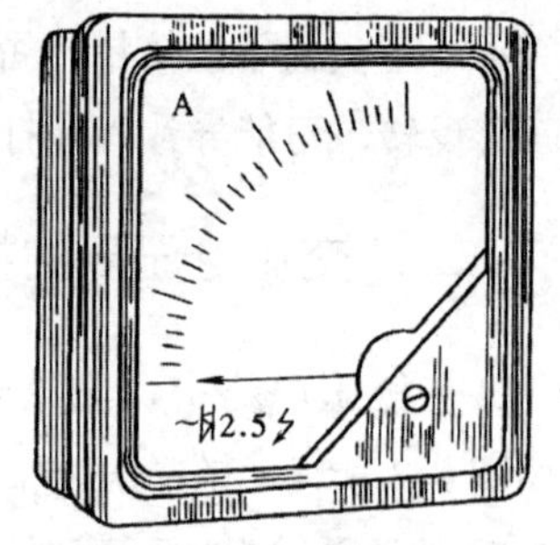

图 3-5 电流表

测量电路中电流的仪表叫作电流表。图 3-5 是一只开关板式电流表，表盘上注有符号“A”的字样。当测量大电流时，用千安作单位的电流表，表盘上注有“kA”的字样。

电流表也有直流和交流的区别，它的接线方法都与测量电路串联。

由于电流表与被测电路串联使用，为不影响电路的工作状态，电流表的内阻一般很小，量程越大的电流表，内阻也越小，它与电压表的内阻相反，因此，电流表绝不能按电压表的方法接，否则电路几乎成短路，电流表将通过很大电流，会把电流表烧坏，同时还会损坏电源。

一、直流电流表的接线方法

接线前要弄清电流表极性。一般在表的接线柱旁边注有“＋”和“－”的标记，有“＋”的是电流流进的一端，有“－”的是电流流出的一端。接线方法如图 3-6 所示。

直流电流表通常是磁电式的，这种仪表线圈导线和游丝的截面很小，只能测量较小的电流。如果测量大的电流，就要在电流表上并联一只低值电阻，这只电阻就叫作分流器。分流器在电路中与负载串联，使通过电流表的电流只是负载电流的一小部分，大部分电流从分流器中通过。这样，就扩大了电流表的量程。接线方法如图 3-7 所示。量程较大的直流电流表，一般都附有分流器，并在表盘上注有“外附分流器”的字样。接线时，要检查分流器与电流表表盘所示的量程是否相符，如果不符就不能用，尤其从分流器接到电流表的定值导线，不能随便换用，它是与仪表配套供应使用的。

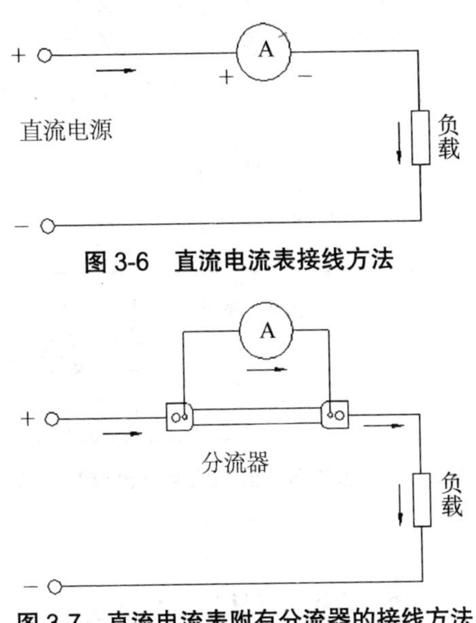

图 3-6　直流电流表接线方法

图 3-7　直流电流表附有分流器的接线方法

二、交流电流表的接线方法

交流电流表的测量机构与直流电流表不同，它本身的量程比直流电流表量程大。在电力系统中常用 42L6 型电磁式交流电流表，其量程最大为 20A，因此在这个范围内，电流表可以直接与负载串联，接线方法如图 3-8 所示。

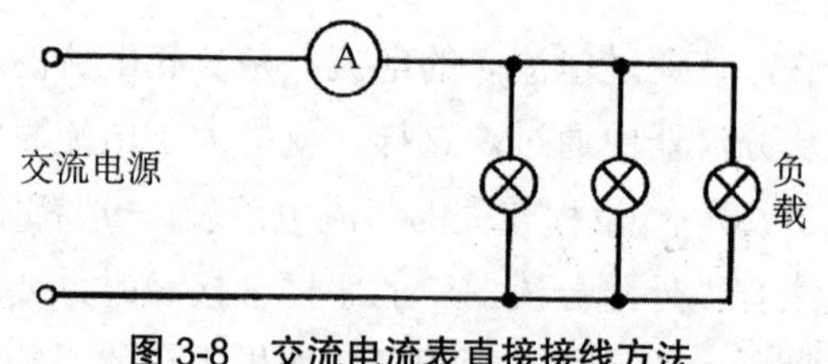

图 3-8　交流电流表直接接线方法

在低压线路中当负载电流大于电流表的量程时，要采用电流互感器。接线方法如图 3-9 所示。将电流互感器一次绕组与电路中的负载串联，二次绕组接电流表。为了测量方便，电流互感器二次绕组的额定电流通常为 5A，因而可采用 0～5A 的电流表。

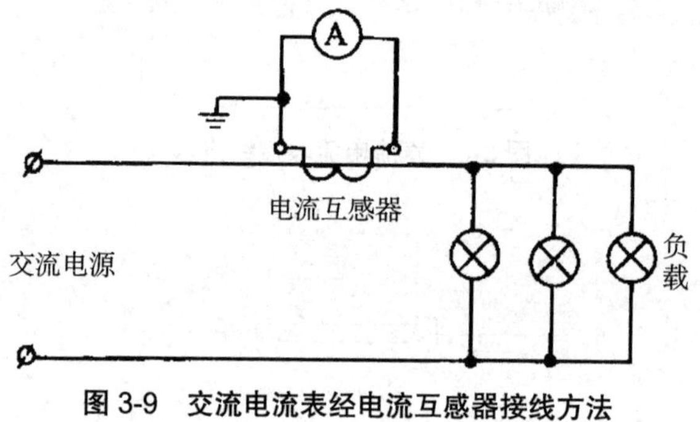

图 3-9　交流电流表经电流互感器接线方法

第三节　钳形电流表

用电流表测量电流时，必须把电流表串接在电路中。在施工现场临时需要检查电气设备的负载情况或线路流过电流时，采用钳形电流表测量电流，就不必把线路断开，可以直接测量负载电流的大小。

钳形电流表简称钳形表。它是根据电流互感器的原理制成的，其结构如图 3-10 所示。

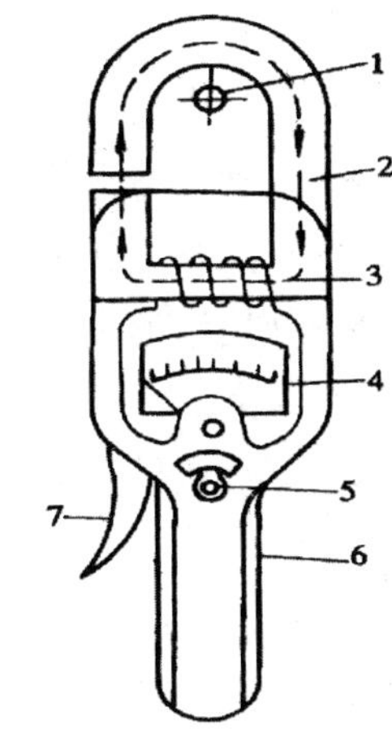

1—被测导线；2—铁芯；3—二次绕组；4—表头；5—量程开关；6—手柄；7—铁芯开关。

图 3-10 钳形电流表

常用的钳形电流表有指针式和数字式。数字式采用液晶显示，无读数误差，可记忆测量结果，功能上分普通交流钳形式和交直流两用钳形表，一般都有多个量程，现在也有自动量程的电流表。

0～10～25～50～100～250A

0～10～25～100～300～600A

0～10～30～100～300～1000A

钳形电流表只适用于测量低压交流电路中的电流。

使用时，先把量程开关转到合适位置，手持胶木手柄，用食指勾紧铁芯开关，便可打开铁芯，将欲测导线从铁芯缺口引入铁芯中央。这导线就等于电流互感器的一次绕组，然后放松铁芯开关的食指，铁芯自动闭合，被测导线电流就在铁芯中产生交变电磁场，使二次绕组感应出导线所流过的电流，从钳形表上就可以直接读出电流数。

注意事项：

（1）不得用钳形表测量高压线路，被测线路的电压不能超过钳形表规定的使用电压，以防止绝缘层被击穿引发触电事故。

（2）不宜用磁电整流式钳形表测量绕线式电动机的转子电流，因为其转子电流频率较低；可用电磁式测量机构的钳形表测量，它的测量数值与频率无关。

（3）测量前，应先估计被测电流的大小来选择适当量程，不可以用小量程去测大电流。

（4）每次测量只能钳入一根导线，测量时，应将被测导线置于钳口中央部位，以保证准确度。

（5）使用钳形表测量时，应注意保持人体与带电体之间有足够的安全距离。

（6）测量裸导体上的电流时，要特别注意防止引起相间短路或接地短路。

（7）钳形表的手柄必须保持干燥，测量时，不得触及其他带电体。

（8）测量结束后，应将量程调节开关扳到最大量程，以便下次安全使用。

（9）钳形表应每年进行一次定期的检查和试验。

第四节　万用表

万用表又叫多用表、三用表、复用表，是一种多功能、多量程的测量仪表。

万用表的基本功能：

（1）电阻的测量。

（2）直流电压、交流电压的测量；直流电流、交流电流的测量。

（3）有的万用表还可以进行二极管的测量、三极管的测量、温度的测量、频率的测量。

根据显示方式的不同，我们可以将万用表分成两大类：指针式万用表和数字式万用表。指针式万用表表头为磁电式电流表，常见指针式万用表的型号为 MF47 型；数字式万用表常见型号为 DT9205 或 9208 型，随着技术的进步，自动量程的数字万用表也已经开始普及。常用万用表如图 3-11 所示。

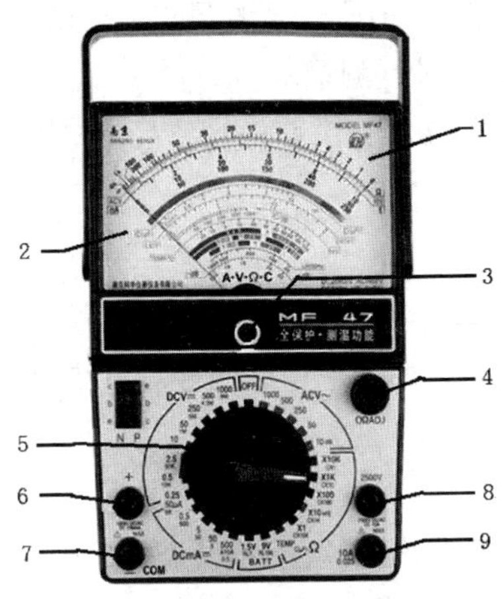

(a) MF47型指针式万用表面板

1—表盘；2—表头；3—机械调零旋钮；4—电阻调零旋钮；5—挡位开关；6—红表笔插孔；7—黑表笔插孔；8—2 500V电压挡扩展插孔；9—10A电流扩展插孔。

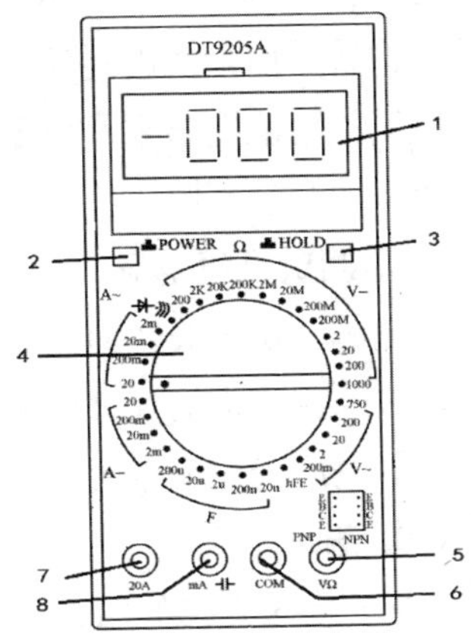

(b) DT9205数字式万用表面板

1—液晶显示器；2—电源开关；3—显示保持按钮；4—挡位开关；5—电压电阻插孔；6—公共端插孔；7—电流扩展插孔；8—电流、电容插孔。

图 3-11　常用万用表

一、指针式万用表

1. 测量电压

将转换开关转到符号“DCV”处是测量直流电压，转换到符号“ACV”处是测量交流电压。所需的量程由被测量电压的高低来确定，如果不知道被测量电压数值，可从表的最高测量挡开始，被测量的电压低指针偏转很小，再逐级调低选择合适的测量挡。

测量直流电压时，事先必须对被测电路进行分析，弄清电位的高低（即正负极），“＋”插口接红色表笔，接至被测电路的正极；“－”插口接黑色表笔，接至被测电路的负极，不要接反，否则指针会逆向偏转而被打弯。如果无法弄清电路电位的高低端，可选高挡的测量范围，用两根表笔快速地碰一下测量点，看清表针的偏转方向，找出高低电位点，再进行测量。

测量交流电压则不分正负极，但转换开关要转到符号“ACV”挡所需的测量范围。

2. 测量直流电流

先将转换开关转到符号“DCmA”范围内的适当量程位置上，然后按电流从正极到负极的方向，将万用表笔串联到被测电路中，与直流电流表使用相同。

3. 测量电阻

把转换开关放在“Ω”范围内的适当量程位置上，先将两根表笔短接，旋动“Ω”调零旋钮，（0Ω-ADJ）使指针在电阻刻度的“0”Ω上（如果调不到“0”Ω说明表内电池电压不足，应更换新的电池），然后用表笔测量电路电阻。

如图 3-11（a）所示，量程选择开关上有×1、×10、×100、×1K、×10K 的符号，表示倍率数，用表头的读数乘以开关的倍率数，就是所测电阻的阻值。例如，选择转换开关放在×100 挡，表头上的读数是 25，则电阻值为：

$$R=25\times100=2\,500\Omega$$

二、数字式万用表

1. 功能说明

① Ω：电阻挡，分 200Ω、2k、20k、200k、2M、20M、200M 7 个挡位。

② V~：交流电压挡，分 200mV、2V、20V、200V、750V 5 个挡位。

③ V−：直流电压挡，分 200mV、2V、20V、200V、1 000V 5 个挡位。

④ A−：直流电流挡，分 2mA、20mA、200mA、20A 4 个挡位。

⑤ A~：交流电流挡，分 2mA、20mA、200mA、20A 4 个挡位。

⑥ hFE：三极管 β 测量，有 NPN 和 PNP 两种型号管子的插孔。

⑦ —▷|—•))）：二极管测量，短路测试。

⑧ F：电容挡，分 20nF、200nF、2μF、200μF 4 个挡位。

⑨ HOLD：用于锁定当前测量值，当需要保留实时测量值或者测量位置不便直接读数、测量连续变动量(如电机起动时电流)的当前值时，按下 HOLD 键，供判读记录。

2. 使用方法

（1）测量电阻：

① 测量步骤：将红表笔插入 VΩ 孔，黑表笔插入 COM 孔，量程旋钮打到“Ω”量程挡适当位置，分别用红黑表笔接到电阻两端的金属部分，测试并读出显示屏上显示的数据。

② 注意：量程的选择和转换。量程选小了，显示屏上会显示“1”，此时应换用较大的量程；反之，量程选大了，显示屏上会显示一个接近于“0”的数，此时应换用较小的量程。

显示屏上显示的数字加上挡位选择的单位就是它的读数。

如果被测电阻值超出所选择量程的最大值，会显示“1”，应换用更高的量程，对于大于 1MΩ 或更高的电阻，要几秒钟后读数才能稳定。

当没有连接好时，例如出现开路的情况，仪表也显示为“1”。

当检查被测线路的阻抗时，要保证断开被测线路中的所有电源、所有电容放电。被测线路中，如有电源和储能元件，会影响线路阻抗测试正确性。

（2）测量电压（直流）：

① 测量步骤：将红表笔插入 VΩ 孔，黑表笔插入 COM 孔，量程旋钮打到 V–适当位置，测试并读出液晶屏上显示的数据。

② 注意：把旋钮调到比估计值大的量程挡（注意：直流挡是 V–，交流挡是 V～），接着把表笔连接电源或电池两端；保持接触稳定。数值可以直接从显示屏上读取，若显示为"1"，则表明量程选择小了，那么就要加大量程后再测量。若在数值左边出现"–"，则表明表笔极性与实际电源极性接反，此时红表笔接的是负极。

（3）测量电压（交流）：

① 测量步骤：将红表笔插入 VΩ 孔，黑表笔插入 COM 孔，量程旋钮调到 V～适当位置，测试并读出显示屏上显示的数据。

② 注意：表笔插孔与直流电压的测量时一样，但应该将挡位旋钮调到交流挡"V～"处所需的量程。

交流电压无正负之分，测量方法跟前面相同。

（4）数字万用表测电流：

① 测试步骤：黑表笔插入 COM 端口，红表笔插入 mA 或者 A 插孔，功能旋转开关打至 A~（交流）或 A–（直流），并选择合适的量程，断开被测线路，将数字万用表串联到被测线路中，被测线路中电流从一端流入红表笔，经万用表黑表笔流出，再流入被测线路中，接通电路电源，读出液晶显示屏数字。

② 注意：测量直流电流时，表笔接反则显示值为负数。

（5）数字万用表测电容：

测试前电容应充分放电。测试电解电容时，红表笔接其正极，不清楚被测电容容量时，先选最高挡试测，再选合适挡位。测试时如显示“1”，表明已超量程，应换到高量程挡位；用大电容挡测试，显示不稳定数值时，表明电容严重漏电或已击穿。

三、使用万用表的注意事项

（1）测量前，先检查红表笔和黑表笔连接的位置是否正确。在表笔连接被测电路之前，一定要查看所选量程与测量电量是否相符，如果误用挡位和量程，不仅得不到测量结果，还会损坏万用表。读数时若显示的是数字“1”，则表明测量数值大于所使用的量程，需加大量程重新测量。

（2）指针式万用表选择量程要适当，测量时最好使表针在1/2～2/3范围内读数较为精确。

（3）插孔（或端钮）要选择正确，红色表笔应插入标有“＋”的孔内，黑色表笔应插入“－”的孔内。

（4）当测量线路中某一电阻时，线路必须与电源断开。不能在带电的情况下测量电阻，否则会烧坏万用表。

（5）测量时，要注意手不可触及表笔的金属部分，以保证作业安全和测量的准确度。

（6）测量高电压时，万用表应水平放在绝缘物上，先将黑色表笔接在电路的低电位或某一电极上，然后用红色表笔去碰触高电位或另一极。操作者要站在绝缘良好的地方，且用单手操作，以防触电。

（7）在测量较高电压或较大电流时，不准带电转动挡位旋钮，以防烧坏开关触点。

（8）在实际测量中，经常要测量多种电量，每一次测量前要注意根据每次测量任务把选择开关转换到相应的挡位和量程。测量完毕，功能开关应置于交流电压最大量程挡。

（9）指针式万用表黑表笔接万用表内部电源的正极，红表笔接万用表内部电源的负极。数字式万用表黑表笔接万用表内部电源的负极，红表笔接万用表内部电源的正极。

（10）使用完毕后，应将挡位旋钮调至交流电压的最高挡或空挡位置上，以防电池漏电；若长期不用，应取出电池，以防电池腐蚀表内元件；存放时应放在干燥通风、无振动、无灰尘的地方或仪表箱内。

第五节　兆欧表

测量高值电阻和绝缘电阻的仪表，叫摇表，也称兆欧表。

摇表的种类很多，但其作用原理相同，以 ZC25 系列摇表为例，如图 3-12 所示。

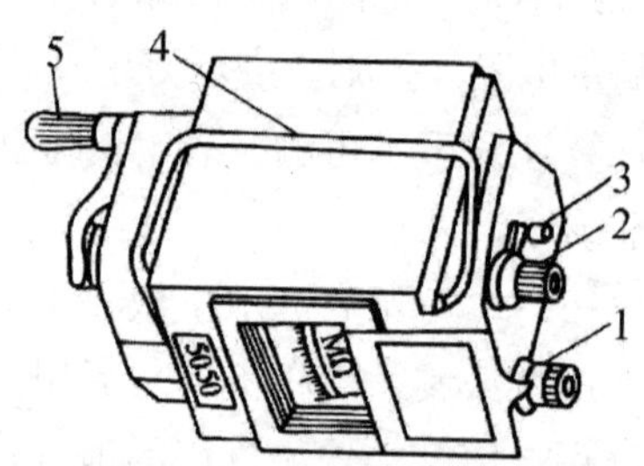

1—接线柱 E；2—接线柱 L；3—接线柱 G；4—提手；5—摇把。

图 3-12　兆欧表（ZC25 系列摇表）

一、摇表的选用

测量额定电压在 500V 以下的设备或线路绝缘电阻时，可选用 500～1 000V 的摇表；测量额定电压在 500V 以上的设备或线路绝缘电阻时，应选用 1 000～2 500V 的摇表。

二、摇表的接线和测量

摇表有三个接线柱，其中两个较大的接线柱上分别标有“接地”（E）和“线路”（L），另一个较小的接线柱标有“屏蔽”（G）。

测量前，应对摇表做开路试验和短路试验。在使用摇表测量时，应把摇表放置在水平位置。未接线前转动摇表做开路试验，确定指针是指在“∞”处，说明摇表正常。再将 E 和 L 两个接线柱短接，慢慢地拨动摇柄，指针应指在“0”位，说明测试回路正常。若两项检查都对，说明摇表是好的。

1. 测量照明或动力线路的绝缘电阻

将摇表接线柱 E 可靠接地，接线柱 L 接到被测线路上，如图 3-13 所示。线路接好后，可按顺时针方向摇动摇表的摇把，转速由慢变快，达到 120r/min 时稳定转速，并保持 1min，表针指示的数值就是被测的绝缘电阻值。

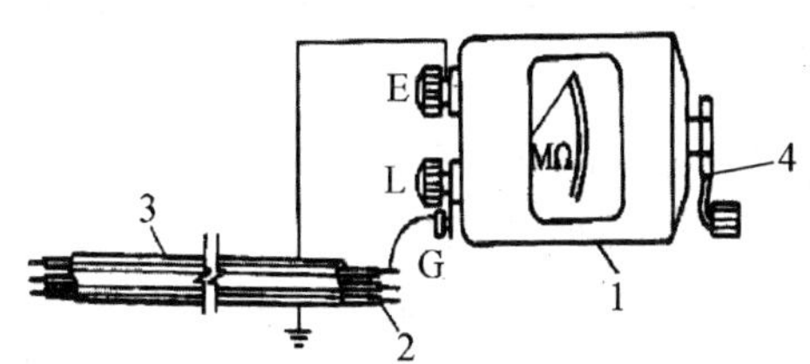

1—兆欧表；2—导线；3—钢管；4—摇把。

图 3-13　测量照明或动力线路的绝缘电阻

2. 测量电机的绝缘电阻

将摇表接线柱 E 接机壳，接线柱 L 接到电机绕组上，如图 3-14 所示，按上述方法转动摇把，表针指示为绝缘电阻值。

3. 测量电缆的绝缘电阻

测量电缆的导线芯与电缆外壳的绝缘电阻时，除将被测两端分别接到接线柱 E 和接线柱 L 上，还需将接线柱 G 引线接到电缆壳与芯之间的绝缘层上，如图 3-15 所示。

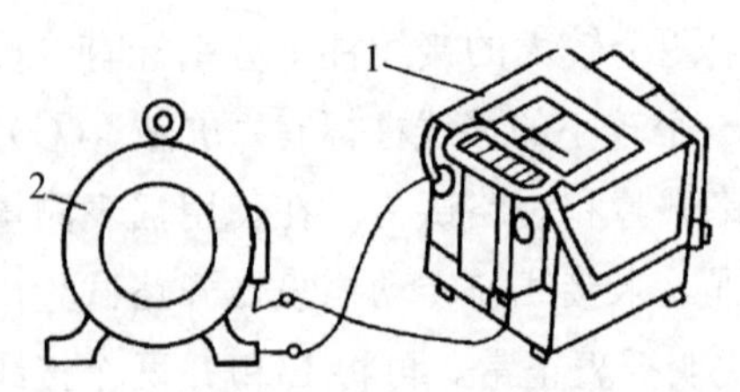

1—绝缘电阻表；2—电机。

图 3-14　测量电机的绝缘电阻

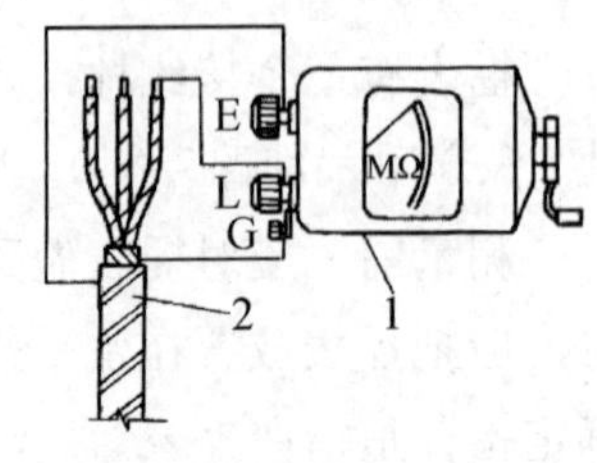

1—绝缘电阻表；2—铠甲电缆。

图 3-15　测量电缆的绝缘电阻

三、使用摇表的注意事项

（1）在测试前，应选取远离外界磁场的地方。

（2）应使用仪表专用测量线或绝缘性能较高的单股线单独连接；不能用双股绝缘线或绞线；两根线切忌绞合在一起；测试线不应与被测电气设备的外壳、地面接触，以免导线漏电造成测量不准确。

（3）摇表使用时，必须放置平稳，以免影响测量机构的自由转动，转动摇把时不要使摇表晃动。

（4）测量电气设备的绝缘电阻时，必须先切断电源和负载，然后将设备进行放电（用导线将设备与大地相连），特别是电容性的电气设备，如电缆、大型电机、变压器、电容器等，以保证测量人员的人身安全和测量的准确性，一般放电 2～3min。

（5）摇测电缆、大型设备时，设备内部电容较大，只有在读取稳定数值后，并在断开测试线的情况下，才能停止转动摇把，以防电缆、设备等反向充电而损坏摇表。

（6）如果要测量绝缘吸收比，可在 15s 和 60s 时各记录一次数值。

（7）在测量过程中，如果指针指向“0”位，表明被测绝缘已经失效，应立即停止转动摇把，防止烧坏摇表。

（8）摇表测量完后，应立即对被测物体放电，在摇表的摇把未停止转动前和被测物体未放电前，不能用手去触碰被测物的测量部分，以防触电。

（9）测量前，应将被测物清扫擦拭干净，否则会影响测量结果。

（10）测量前，应了解周围环境温度和湿度，并做好记录。不宜在雷雨天进行测试。

（11）在测量过程中，应禁止无关人员接近被测物，操作也不得触及设施的测量部分以及接线端、测试线。

（12）测量应尽可能在设备刚停止运转时进行，以使测量结果符合运行时的实际情况。

第六节　电能表的接线方法

电能表是用来测量电能的仪表，又称电度表。常用电子式电能表如图 3-16 所示。

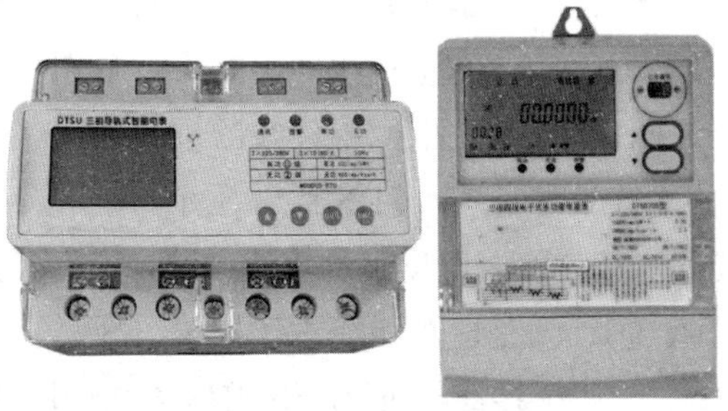

图 3-16　常用电子式电能表

一、电度表的接线方式

1. 单相电度表的接线

单相电度表有 4 个接线柱头，从左到右按①、②、③、④编号，接线方法一般是①、③接电源线，②、④接出线，如图 3-17 所示。也有些单相表是按①、②接电源线，③、④接出线。具体的接线方式参照电度表接线盖子的接线图。

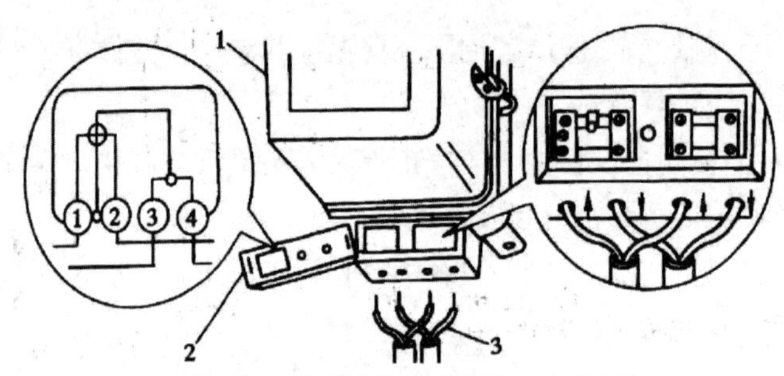

1—电度表；2—电度表接线桩盖子；3—进出线。

图 3-17　单相电度表的接线

2. 三相电度表的接线

（1）直接接法。

1）直接式三相四线制电度表的接线：这种电度表共用 11 个接头，从左至右按①、②、③、④、⑤、⑥、⑦、⑧、⑨、⑩、⑪编号。其中①、④、⑦是电源线的进线桩头，用来连接从电源引来的三根线，③、⑥、⑨是相线的出线头，分别去接负载总开关的三个进线头，⑩、⑪是电源中性线的进线和出线桩头，②、⑤、⑧三个接线桩头可空着，如图 3-18 所示。

2）直线式三相三线制电度表的接线：这种电度表共有 8 个接线桩，其中①、④、⑤是电源相线进线桩头，③、⑤、⑧是相线出线桩头，②、⑦两个接线桩可空着，接线方法如图 3-19 所示。

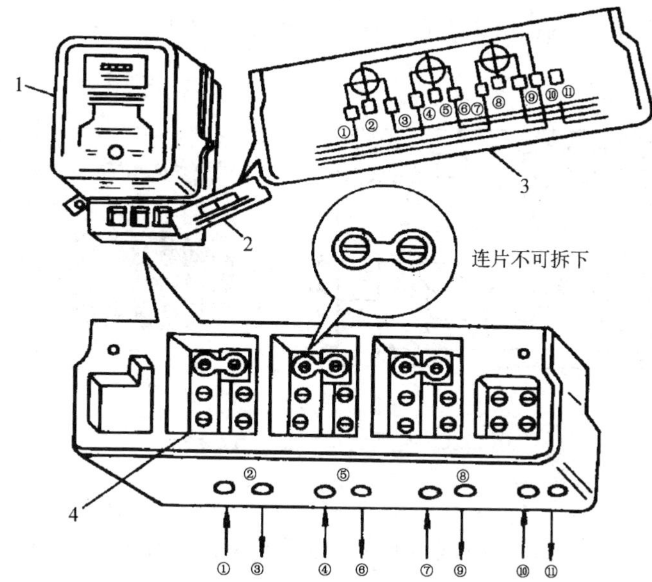

1—电度表；2—接线桩盖板；3—接线原理；4—接线桩。

图 3-18　三相四线制电度表直接接线

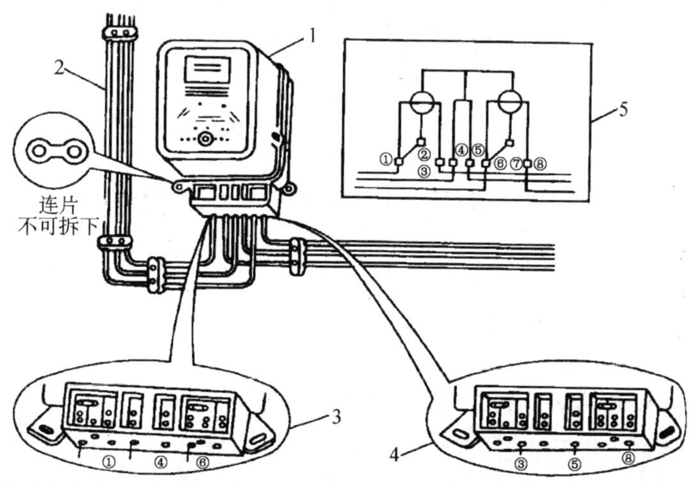

1—电度表；2—电源进线；3—进线的连接；4—出线的连接；5—接线原理图。

图 3-19　直线式三相三线制电度表的接线

3）电子远传电度表直接接法：如图 3-20 所示。

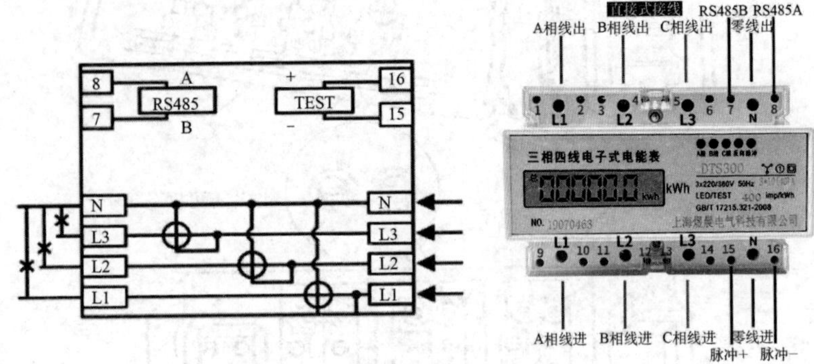

图 3-20　电子远传电度表直接接法

（2）互感器接法。

1）三相四线制机械电度表的互感器接法：如图 3-21 所示。

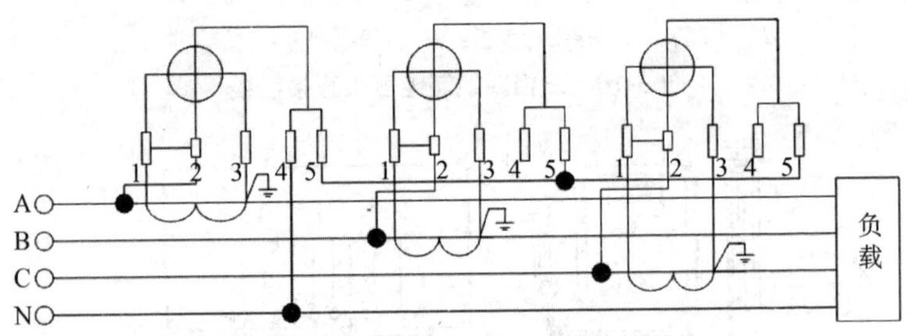

图 3-21　三相四线制机械电度表的互感器接法

2）三相四线制电子电度表的互感器接法：如图 3-22 所示。

二、互感器电度表接线读数方法

读取电度表读数，再乘以电流互感器的倍率，就是实际用电量。例如：带互感器 200/5 的电表，上月读数为 365，本月读数为 465，电表显示本月耗电量是 465−365=100 度（1 度=1kW・h），实际要乘以互感器变流比 40（200/5），实际耗电量是 100×40=4 000 度。

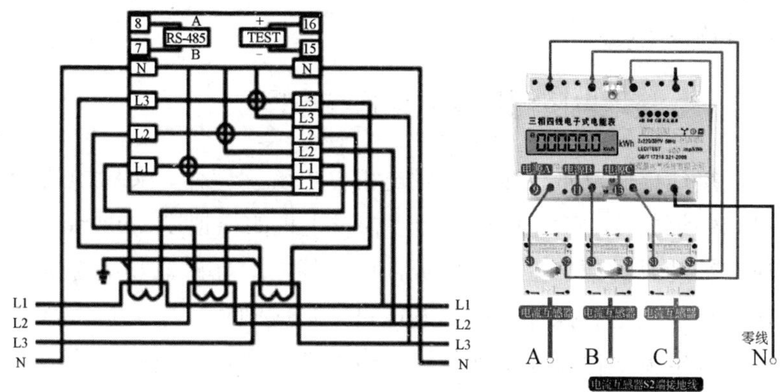

图 3-22　三相四线制电子电度表的互感器接法

三、电度表接线的注意事项

（1）电度表总线必须用铜芯或铝芯单股塑料硬线，铜芯最小截面积不得小于 2.5mm^2，中间不准有接头。

（2）电度表总线必须明线敷设，长度不宜超过 10m。若采用线管敷设时，线管也必须明敷。

（3）用接线方式进入电度表时，以“左进右出”为接线原则。

（4）电度表必须垂直于地面安装，表的中心距离地面高度应为 1.4～1.5m。

（5）电表使用的电流互感器的副边严禁开路，同时副边一端必须可靠接地。

第七节　接地电阻测量仪

接地电阻测量仪主要是用于直接测量各种接地装置的接地电阻和土壤电阻率，一般用于测量电气设备等接地装置的接地电阻是否符合要求。

一、接地电阻测量仪的结构与原理

接地电阻测量仪由手摇发电机、电流互感器、灵敏电流计等元件组成。其工作原理是当手摇发电机的摇把以 120r/min 的速度转动时，便产生交流电流，电流经电流互感器一次绕组，接地极、大地和探针后回到发电机，形成回路，电流互感器产生二次电流，检流计指针偏转，借助调节电位器使检流计达到平衡。

ZC-8 型接地电阻测量仪如图 3-23 所示。它有 4 个拨端钮（C_1、P_1、C_2、P_2），也有 3 个接线端钮（E、P、C）的接地电阻测量仪。

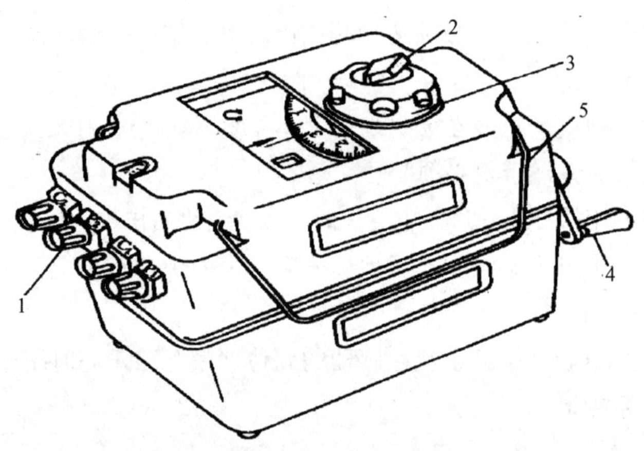

1—接线端钮；2—倍率选择开关；3—测量标度盘；4—摇把；5—提手。

图 3-23　ZC-8 型接地电阻测量仪

二、测量接地电阻的方法与注意事项

（1）测量前先将仪表调零后进行接线。调零是：

把仪表放在水平位置，检查检流计指针是否指在红线上，若未在红线上，则可用“调零螺丝”把指针调整于红线。

（2）接地电阻仪的接线如图 3-24 所示，对有四端钮的接地电阻测量仪，它的接线按图 3-24（a）所示的方法进行。

测量仪的附件有两根接地探测针、三根导线，长为 5m 的一根导线用于仪表 C_2、P_2 与接地极 E′的连接，20m 的一根导线用于仪表 P_1 与电位探针 P′的连接，40m 的一根导线用于仪表 C_1 与电流探针 C′的连接；两根接地探测针分别是接地电位探针 P′与接地电流探针 C′。

使用时将电位探针 P′插在接地极 E′与电流探针 C′之间，三者成一直线且彼此相距 20m，再用导线将 E′、P′、C′连接在仪器的相应钮 C_2、P_2、P_1、C_1 上，其中 C_2、P_2 用连接片短接再用导线与接地极连接。

对于三端钮的测量仪，C_2、P_2 内部已接通，仪表端钮上标以符号“E”，其接线方法如图 3-24（b）所示。

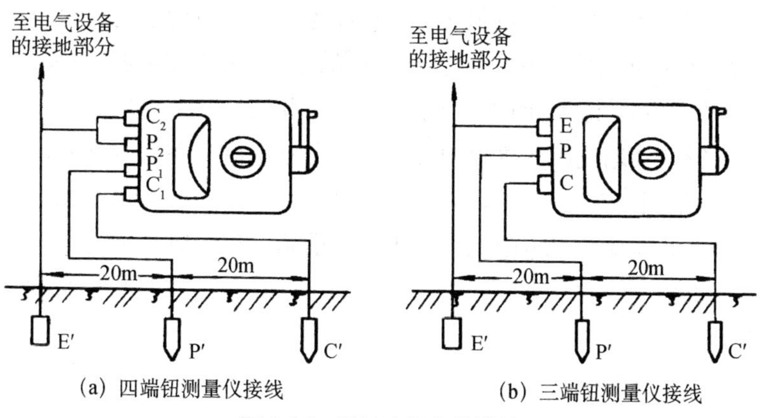

（a）四端钮测量仪接线　　（b）三端钮测量仪接线

图 3-24　接地电阻仪的接线

（3）ZC-8 型有两种量程，一种是 0～1Ω、0～10Ω、0～100Ω；另一种是 0～100Ω、0～1 000Ω。将倍率标度开关置于最大倍数，一边慢摇电机手柄，一边转动测量标度盘使检流计指针处于中心红线位置上，当检流计接近平衡时，加快摇动手柄，使发电机转速达到 120r/min，再转动测量标度盘使指针稳定地指在红线位置，这时就可读取接地电阻的数值（测量标度盘的读数乘以倍率标度即为所测电阻值）。

（4）如果测量标度盘的读数小于 1 时，则应将倍率标度置于较小的挡位，并按上述要求重新测量和读数。

（5）为了防止其他接地装置影响测量结果，测量时应将待测接地极与其他接地装置临时断开，待测量完成后，再重新将断开处牢固连接。

（6）电气设备的接地电阻测量工作一般应在土壤干燥季节进行，如选冬季，一年中最干燥的季节，并且宜选择连续晴天不少于 3 天情况下再测量，此时测得的接地电阻值要小于规定值才算真正符合要求。

（7）在测量接地电阻时，如果检流计的灵敏度过度，可把电位探针 P′插得浅一些；反之，如果检流计的灵敏度不够，可沿电位探针 P′和电流探针 C′注点水，使土壤湿润。

（8）接地电阻测量仪的灵敏度，在额定值的 30%以下时，为额定值的±1.5%；在额定值的 30%以上时，为额定值的±5%。

（9）为使接地电阻测量结果比较准确，测量时，可将电位探针按 1.5～3m 移动 2 次，如果 3 次测量结果接近，取其平均值作为测量结果。

第四章　常用低压电器

低压电器应正确选择，合理使用。正确的选用要结合不同的控制对象和各类电器的使用环境、技术数据、正常工作条件、主要技术性能等确定，以保证选择的低压电器工作时安全可靠，避免因电器故障而造成停产或损坏设备、危及人身安全等损失，使生产和生活得以正常进行。

第一节　低压隔离开关

施工用电总配电箱、分配电箱以及开关箱中，都要装设隔离开关，以满足在任何情况下都可以使用电设备实现电源隔离。隔离开关必须是能让工作人员可以看见，在空气中有一定间隔的断路点。一般可将刀开关、刀型转换开关和熔断器用作电源隔离开关。空气开关（自动空气断路器）不能作隔离开关。

一般隔离开关没有灭弧能力，不可带负荷拉闸、合闸，否则会造成电弧伤人和其他事故。一般送电操作时，先合隔离开关，后合断路器或负荷类开关；断电操作时，先断开断路器或负荷类开关，后断开隔离开关。

一、开启式负荷开关

1. 开启式负荷开关的选用

（1)开启式负荷开关用于照明电路时,可选用额定电压为220V或250V的二极开关。开启式负荷开关的额定电流应等于或大于开断电路中各个负载电流的总和。

（2）开启式负荷开关用于电动机的直接启动时，可选用额定电压为380V或500V的三极开关。若负载是功率5.5kW及以下直接启动的电动机时，其开关的额定电流应不小于电动机额定电流的3倍。

2. 开启式负荷开关的安装

（1）电源进线应接在静触座接线柱，用电负荷应接在闸刀的下出线端上。这样当开关断开时，闸刀和熔丝不带电，可以保证安全地更换熔丝。

（2）刀闸在合闸位置时手柄应向上，不可倒装和平装，以防误操作合闸。

（3）由于过负荷或短路故障，会使熔丝熔断，所以在更换熔丝前，要用干燥的棉布将绝缘底座和胶盖内壁的金属粉粒清理干净，防止在重新合闸时开关本体相间短路。

二、隔离刀开关

常用的有HD系列刀形隔离器及HS系列刀形转换隔离器。图4-1为HDl3型隔离刀开关，主要用于交流额定电压380V、直流额定电压440V、额定电流1 500A及以下的装置中。当作隔离电源使用时，能形成明显的绝缘断开点，以保证检修人员的安全。普通的隔离刀开关不可以带负荷操作，它和低压断路器配合使用，低压断路器切断电路后才能操作刀开关。

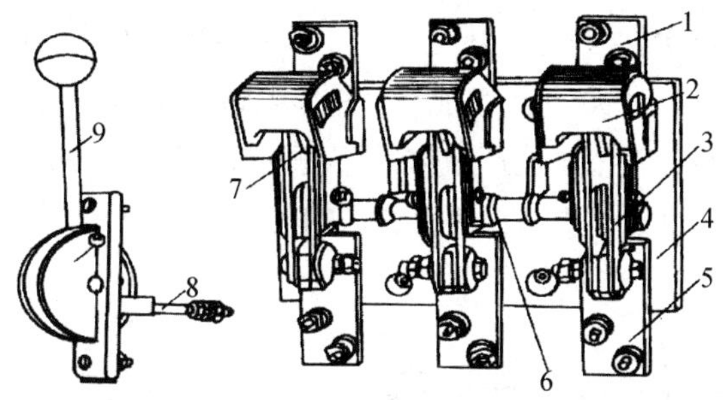

1—上接线端子；2—钢栅片灭弧罩；3—闸刀；4—底座；5—下接线端子；6—主轴；7—静触头；8—连杆；9—操作手柄（中央杠杆操作）。

图 4-1　HDI3 型隔离刀开关

隔离刀开关的选用：

（1）隔离刀开关的结构形式应根据它在线路中的作用和在成套配电装置中的位置来确定。如果电路中的负载是由低压断路器、接触器或其他具有一定分断能力的开关电器来分断，隔离刀开关仅起隔离电源作用，只需选用无灭弧罩的产品；反之，若隔离刀开关必须分断负载，应选用带灭弧罩而且是通过连杆来操作的产品。

（2）隔离刀开关的额定电流一般应等于或大于所控制的各支路负载额定电流的总和。如果回路中有电动机，还应按电动机的启动电流来计算。

（3）刀开关接线方式有板前接线和板后接线两种方式。

操作手柄有单投、双投；有中央手柄式、侧面手柄式；有中央正面杠杆操作机构式与侧面正面杠杆操作机构式等之分。

选用时要根据实际需要正确选择。

三、HH15 系列熔断器式隔离开关

HH15 系列熔断器式隔离开关主要适用于交流 50Hz、额定工

作电压至 660V、约定发热电流至 630A 的配电网络和电动机电路中，用作电源开关、隔离开关，并作电路短路保护之用。此类开关主要由触头系统（包括熔体）、灭弧室、底座、防护罩和操作手柄等组成，并具备快速合闸机构。HH15-630 型开关外形及安装尺寸如图 4-2 所示。

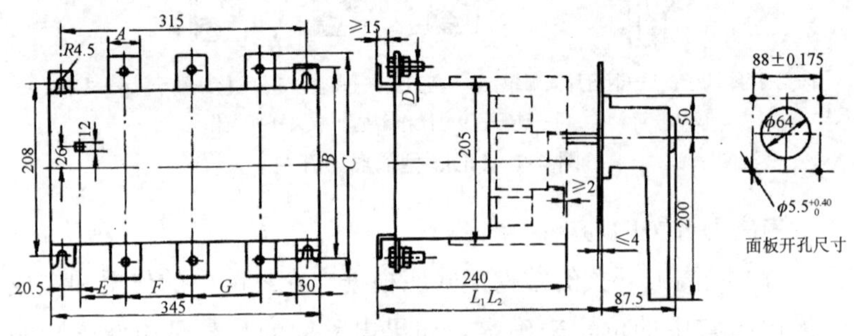

图 4-2　HH15-630 型开关外形及安装尺寸（单位：mm）

HH15 系列开关的技术数据见表 4-1。

表 4-1　HH15 系列开关的技术数据

<table>
<tr><th rowspan="2">型号</th><th rowspan="2">额定工作电流 I_n/A</th><th rowspan="2">额定工作电压/V</th><th colspan="2">额定通断能力①</th><th rowspan="2">额定熔断短路电流/kA②</th><th colspan="2">寿命/次</th></tr>
<tr><th>接通</th><th>分断</th><th>机械</th><th>电气</th></tr>
<tr><td>HH15-63</td><td>63</td><td rowspan="6">400
或
660</td><td rowspan="3">$10I_e$</td><td rowspan="3">$8I_e$</td><td rowspan="3">50</td><td rowspan="3">≥10 000</td><td rowspan="3">≥2 000</td></tr>
<tr><td>HH15-125</td><td>125</td></tr>
<tr><td>HH15-160</td><td>160</td></tr>
<tr><td>HH15-250</td><td>250</td><td rowspan="3"></td><td rowspan="3"></td><td rowspan="3"></td><td rowspan="3"></td><td rowspan="3"></td></tr>
<tr><td>HH15-400</td><td>400</td></tr>
<tr><td>HH15-630</td><td>630</td></tr>
</table>

注：① AC230～660V，$\cos\varphi$=0.35 时。
② AC660V 时。

HH15 系列熔断器式隔离开关的选用：

（1）额定电压不能低于所在线路的额定电压。

（2）额定电流应不小于线路的计算电流，如果回路中有电动机，还应按电动机的启动电流来计算。

（3）熔体额定电流应与开关的型号规格配套。

四、熔断器式刀开关

熔断器式刀开关是熔断器和刀开关的组合电器。常用的熔断器式刀开关有 HR3 与 HR5 系列等，主要用于交流电压 380V 或直流电压 440V、额定电流 100～600A 的工业企业配电网中，用于电气设备及线路的过载和短路保护，及正常供电情况下的不频繁地接通和切断电路。图 4-3 为 HR3 型熔断器式刀开关的结构；图 4-4 为 HR5 型熔断器式开关外形及安装尺寸，它具有一定的短路分断能力。

表 4-2 为 HR5 系列开关与熔体电流值配用关系。

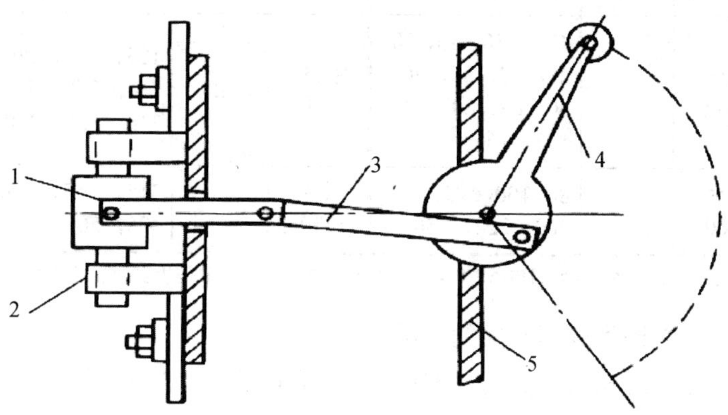

1—RT 型熔断器的熔管；2—HD 型刀开关的弹性触座；3—连杆；4—操作手柄；5—配电屏面板。

图 4-3　HR3 型熔断器式刀开关的结构

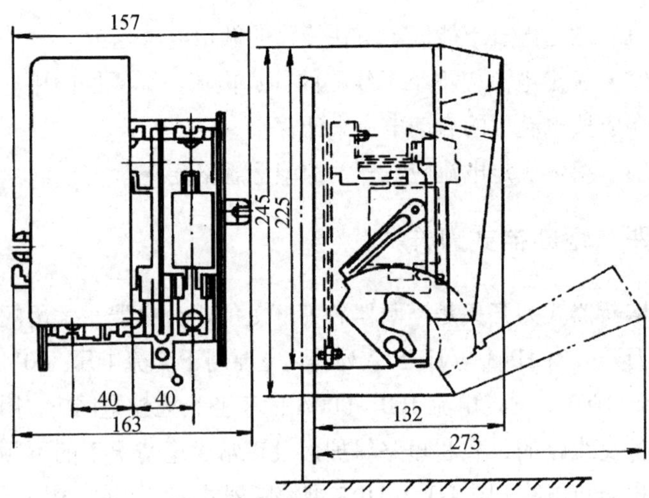

图 4-4　HR5 型熔断器式开关外形及安装尺寸（单位：mm）

表 4-2　HR5 系列开关与熔体电流值配用关系

型号	熔断体号码	熔体电流值/A	型号	熔断体号码	熔体电流值/A
HH5-100	0	4，6，10，16，20，25，32，35，40，50，63，80，100，125，160	HH5-400	2	125，160，200，224，250，300，315，355，400
HH5-200	1	80，100，125，160，200，224，250	HH5-630	3	315，355，400，425，500，630

注：当开关用于电动机电路中时，允许熔断体电流值大于开关约定发热电流。

1. 熔断器式刀开关的选用

熔断器式刀开关应按使用的电源电压和负载的额定电流选择，如果回路中有电动机，还应按电动机的启动电流来计算；还必须根据使用场合和操作、维修方式等选用开关的形式。熔断器式刀开关的短路分断能力是由熔断器的分断能力决定的，故应适当选择符合使用地点的短路容量的熔断器。

2. 熔断器式刀开关的安装运行检查

（1）检查负荷电流是否超过刀开关的额定值。

（2）检查刀开关的动触头和静触头连接是否结实，开关合闸是否到位。

（3）检查进出线端子与开关连接是否压接牢固，有无接触不实等现象。

（4）检查绝缘连杆、底座等绝缘部分有无损坏和放电现象。

（5）检查动触头和静触头有无烧伤及缺损，灭弧罩是否清洁完好。

（6）检查开关三相闸刀在分合闸时，是否能同时接触或分开，触头接触是否紧密。

（7）操作机构应完好，动作应灵活，分闸和合闸位置应准确到位。

五、RT14 系列熔断器式隔离开关

1. 概述

RT14 系列熔断器式隔离开关是引进国外技术生产的新产品，可取代 63A 以下低压熔断器、HK2 闸刀开关等，适用于工业、商业、宾馆、住宅、仪器、仪表等控制线路中作为电源的过载、短路保护隔离用，同时可作手动不频繁通断操作。

RT14 系列熔断器式隔离开关体积小、外形美观、使用寿命长、安全可靠、导轨安装和拆卸方便。外壳由高阻燃塑料组成，可与其他模数化电器组合成配电系统。熔断器熔断后，面板上装的 LED 指示灯会亮，提示更换。更换时拉开把手，熔体取出更换后推入即可。

型号含义：

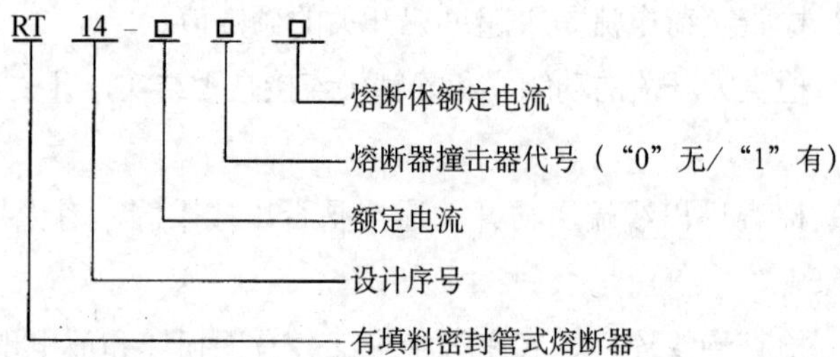

2. 技术数据

RT14 系列熔断器式开关主要技术数据见表 4-3。

表 4-3 RT14 系列熔断器式开关主要技术数据

型号	尺寸/mm	额定电流/A	熔断体额定电流/A	撞击器
RT14-20	10×38	20	2、4、6、8、10、16	无
RT14-32	14×51	32	2、4、6、8、10、16、20、25、32	有
RT14-63	22×58	63	10、16、20、25、32、40、50、63	有

3. 安装方式

RT14 系列熔断式开关的安装方式如图 4-5 所示。

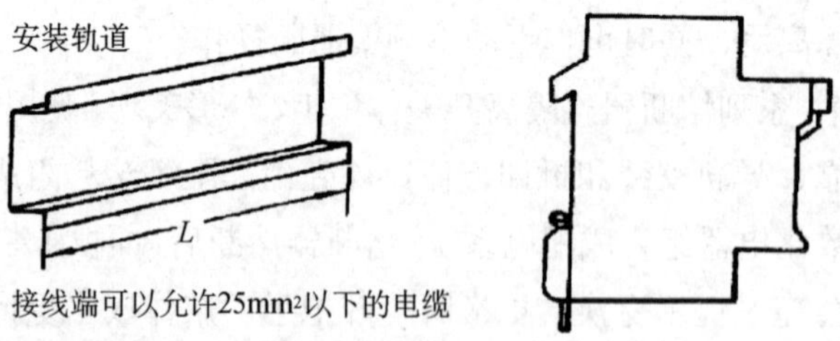

图 4-5 RT14 系列熔断式开关的安装方式

第二节　组合开关

一、组合开关的结构组成

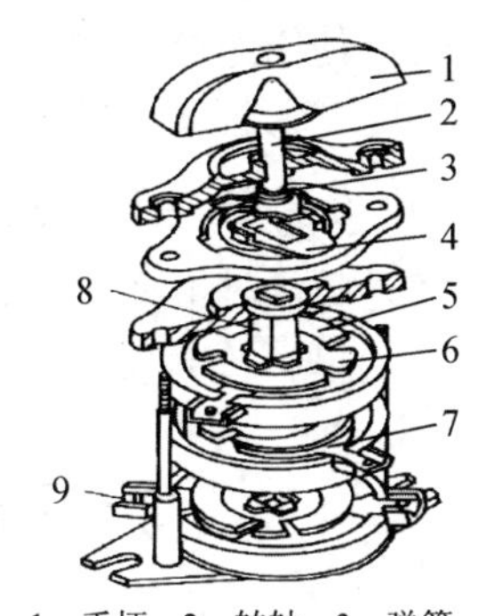

1—手柄；2—转轴；3—弹簧；4—凸轮；5—绝缘垫板；6—动触片；7—静触片；8—绝缘杆；9—接线柱。

图 4-6　组合开关

组合开关又称转换开关，它由转轴、凸轮、触点座、定位机构、螺杆和手柄等组成，如图 4-6 所示。手柄转动 90°，转轴带着凸轮随之转动，使一些触头接通，另一些触头断开。由于采用扭簧储能机构，可使开关快速闭合和分断，从而提高了分断能力和灭弧性能。它具有使用可靠、结构简单等优点，可以用于各种低压配电设备中，作为不频繁地接通和切断电路用。常用于交流 380V、直流 220V、电流 10A 及以下的电路，当作电源引入开关。也可用于控制小容量三相异步电动机的启动、停车，正转控制电路和反转控制电路，以及照明控制电路中。

二、组合开关的选用

（1）组合开关用于电热、照明电路时，其额定电流应等于或大于被控制电路中各负载电流的总和。

（2）用来控制小容量电动机时，组合开关的额定电流一般取电动机额定电流的 1.5～2.5 倍。

三、组合开关的安装与使用

（1）组合开关的手柄以安装在能水平旋转的位置为宜。

（2）由于组合开关的通断能力较低，故不能用来分断故障电流。用于电动机正转和反转控制时，必须在电动机完全停止转动后，才允许反向接通。

（3）使用组合开关时，应保持开关清洁，面板和触点不得有油污。

（4）保持开关动触点和静触点接触良好。

（5）操作时不宜动作过快或力度过大，以免损坏零部件。

第三节　低压断路器

一、低压断路器的特点

低压断路器也称自动开关或自动空气开关，主要用于保护交流 500V 及直流 440V 以下低压配电系统中的线路、电气设备免受过载、短路和欠电压等不正常情况下的危害；同时，也可用于不频繁地启动电动机及切换电路。低压断路器具有操作安全、动作值可调（非可调型的，现场一般不允许自行调整过流脱扣器的整定值）、分断能力较高等特点，兼有多种保护功能（可根据需要选择）。

二、低压断路器的分类

低压断路器按极数分为单极、双极、三极、四极等，与漏电保护器组合，可实现漏电保护。

按操作方式分为直接手柄式、杠杆操作式、电磁铁和电动机操作式、弹簧储能式。

按结构方式可分为开启式和装置式两种。开启式又称为框架式或万能式，装置式又称为塑料壳式。装置式又划分为微型断路器与塑料外壳式断路器；框架式（万能式）断路器又有固定式与抽屉式之分。

根据保护性能又可分为配电型（保护线路型）、保护电动机型、照明用微型断路器、剩余电流断路器等。

近年来又出现了一系列智能化断路器和透明塑壳断路器。低压断路器的分类及用途见表 4-4。

表 4-4　低压断路器的分类及用途

<table>
<tr><th>断路器类型</th><th colspan="3">保护特性</th><th>主要用途</th></tr>
<tr><td rowspan="3">配电型（保护线路型）</td><td colspan="2" rowspan="2">选择型（B 类）</td><td>瞬时、短延时</td><td rowspan="2">电源总开关和靠近变压器近端的支路开关</td></tr>
<tr><td>瞬时、短延时、长延时</td></tr>
<tr><td colspan="2">非选择型（A 类）</td><td>瞬时、长延时</td><td>靠近变压器近端的支路开关</td></tr>
<tr><td rowspan="3">保护电动机型</td><td rowspan="2">直接启动</td><td>一般型</td><td>过电流脱扣器瞬动整定倍数（8～15）I_n</td><td>保护笼型电动机</td></tr>
<tr><td>限流型</td><td>过电流脱扣器瞬动整定倍数 $12I_n$</td><td>保护笼型电动机，还可用于靠近变压器近端电动机</td></tr>
<tr><td colspan="2">间接启动</td><td>过电流脱扣器瞬动整定倍数（3～8）I_n</td><td>保护笼型和绕线转子电动机</td></tr>
<tr><td>照明用微型断路器</td><td colspan="3">过载长延时，短路瞬时</td><td>用于照明线路和信号二次回路</td></tr>
</table>

智能化断路器采用了以微处理器或单片机为核心的智能控制器（智能脱扣器），它不仅具备普通断路器的各种保护功能，同时

还具备实时显示电路中的各种电气参数（电流、电压、功率、功率因数等），对电路进行在线监视、自行调节、测量、试验、自诊断、可通信等功能，能够对各种保护功能的动作参数进行显示、设定和修改，保护电路动作时的故障参数能够存储在非易失存储器中以便查询。

透明塑壳断路器产品应符合《低压开关设备和控制设备　第 2 部分：断路器》（GB/T 14048.2—2020）、《施工现场临时用电安全技术规范》（JGJ 46—2005）的要求，具有可见分断点的隔离、过载及短路保护功能。如 DZ20T 系列产品，额定电流 100A、250A、400A 及 630A。此类产品应通过隔离功能附加试验，如触头位置/泄漏电流/8kV 冲击电压等验证试验，并可设置断开位置指示件，通过 CCC 认证，适用于建筑施工现场总配电箱、分配电箱、开关箱中。

三、低压断路器的选用

框架式（万能式）断路器一般适宜安装在配电柜中，施工现场配电箱和开关箱中，宜选用塑料外壳式（装置式）断路器、微型断路器。塑壳断路器脱扣器参数分可调式与不可调式，可调式使用起来方便、灵活，但费用较高，可根据需要与性价比选择。

低压断路器的选用主要包括额定电压、壳架等级额定电流（指最大的脱扣器额定电流）的选用，脱扣器额定电流（指脱扣器允许长期通过的电流）的选用以及脱扣器整定电流（指脱扣器不动作时的最大电流）的确定。

由于现场临时分配电箱至开关箱到设备这段线路比较短，所以分配电箱中和开关箱中的低压断路器均应选用保护电动机型的，其要求如下：

对建筑工程现场临时用电中的电动机保护，一般选用塑壳式低压断路器或微型断路器。

四、低压断路器的安装

（1）安装前用 500V 摇表检查断路器的绝缘电阻，应不小于10MΩ。

（2）低压断路器在闭合和断开过程中，其可动部件与灭弧室的零件应无卡阻现象，各极动作应同步。

（3）低压断路器应正向垂直安装在配电板上，底板结构必须平整。

（4）检查失压、分励脱扣器及过流脱扣器能否在规定的动作值范围内使断路器断开。

五、低压断路器的安全使用

（1）低压断路器的额定电压与线路电压应相符，额定电流和脱扣器整定电流应和用电设备最大电流相匹配，否则就有可能使设备无法正常运转或起不到作用。对于启动电流大、工作电流小的线路或设备，宜选用电流脱扣器为热元件组成、具有一定延时特性的断路器。对于短路电流相当大的线路，应选用限流型低压断路器。

（2）低压断路器的极限通断能力，应大于被保护线路的最大短路电流。

（3）塑壳式断路器用于低压配电线路，其额定电流不宜大于1 000A，特别需要时可以选用 1 600A。接线方式为上侧接电源，下侧接出线。

（4）断路器容量应与外接线规格相适应，避免大线接小开关。

断路器额定电流与导线配合参考见表 4-5。

表 4-5 断路器额定电流与导线配合参考

额定电流/A	10	16 20	25	32	40 50	63	80	100	125 140	160	180 200 225	250	315 350	400
导线截面/mm^2	1.5	2.5	4.0	6.0	10	16	25	35	50	70	95	120	185	240

（5）非可调型的塑壳式断路器在现场使用中不允许自行调整过流脱扣器的整定值。

（6）线路停电又恢复供电时，禁止自行启动的设备应选用带失压保护的控制电器或带失压脱扣器的断路器。

（7）低压断路器缺失或损坏部件不得继续使用，特别是灭弧罩损坏，无论是多相还是一相均不得使用，以免在断开时发生电弧短路事故。

（8）接线要牢固，并配弹簧垫圈。接线不紧，会导致接线处发热，配有热脱扣器的断路器会引起误跳闸，严重时会烧毁断路器。

（9）低压断路器应在干燥场所使用，并应定期检查和维修（一般可半年一次）。检查部件是否完整、清洁，触头和灭弧部分要完整，传动部分要灵活，需要加油的部件要定期加油润滑。

第四节 剩余电流断路器

低压配电线路的故障主要有三相短路、两相短路和接地故障。低压相间短路电流一般很大（往往超出正常负荷电流的 10～20 倍或更多)，通常用熔断器、断路器等来做短路保护。接地故障电流通常比相间短路电流小得多，甚至有时比线路正常尖峰电流还小，因此一般情况下接地故障靠熔断器、断路器不能有效切断电源。

一、剩余电流断路器的选用

剩余电流断路器的技术参数额定值应与被保护线路或设备的技术参数和安装使用的具体条件相配合，并选用通过国家强制性产品认证的产品。

1. 剩余电流断路器选用的一般要求

(1）剩余电流断路器的型式、额定电压、额定电流、短路分断能力、额定剩余动作电流、分断时间应满足被保护线路和电气设备的负荷及短路保护要求。当不能满足分断能力要求时，应另行增设短路保护断路器。

(2）剩余电流断路器应能迅速切断故障电路，在事故发生前切断电路。

(3）总配电箱、开关箱中剩余电流断路器的极数和线数必须与其负荷侧负荷的相数和线数一致。

(4）单相 220V 电源供电的电气设备，应选用二极二线式的剩余电流断路器；三相三线 380V 电源供电的电气设备，应选用三极三线式的剩余电流断路器；三相四线 380/220V 或单相与三相共用的线路，应选用四极四线式或三极四线式的剩余电流断路器。

(5）配电箱、开关箱中的剩余电流断路器宜选用无辅助电源型（电磁式）产品，或选用辅助电源故障时能自动断开的辅助电源型（电子式）产品。

(6）剩余电流断路器的额定动作电流要充分考虑电气线路和设备的正常或启动时对地泄漏电流值，因季节性变化引起对地泄漏电流值变化时，应考虑采用动作电流可调式剩余电流断路器。见表 4-6～表 4-8。

表 4-6 220/380V 单相及三相线路埋地、沿墙敷设穿管电线每千米最大允许泄漏电流 单位：mA/km

绝缘材质	导线截面/mm²												
	4	6	10	16	25	35	50	70	95	120	150	185	240
聚氯乙烯	52	52	56	62	70	70	79	89	99	109	112	116	127
橡皮	27	32	39	40	45	49	49	55	55	60	60	60	61
聚乙烯	17	20	25	26	29	33	33	33	33	38	38	38	39

表 4-7 电动机最大允许泄漏电流 单位：mA

运行方式	额定功率/kW												
	1.5	2.2	5.5	7.5	11	15	18.5	22	30	37	45	55	75
正常运行	0.15	0.18	0.29	0.38	0.50	0.57	0.65	0.72	0.87	1.00	1.09	1.22	1.48
启动	0.58	0.79	1.57	2.05	2.39	2.63	3.03	3.48	4.58	5.57	6.60	7.99	10.54

表 4-8 荧光灯、家用电器、计算机及住宅配电回路最大允许泄漏电流

设备名称	形式	泄漏电流/mA
荧光灯	安装在金属构件上	0.1
	安装在木质或混凝土构件上	0.02
家用电器	手握式 I 级设备	≤0.75
	固定式 I 级设备	≤3.5
	II 级设备	≤0.25
	I 级电热设备	≤0.75～5
计算机	移动式	1.0
	固定式	3.5
	组合式	15.0
住宅配电回路		一般为 2～8

（7）采用分级保护方式时，安装使用前应进行串接模拟分级动作试验，保证其动作特性协调配合。

① 在采用分级保护方式时，上下级剩余电流断路器的动作时间差不得小于 0.2s。上一级剩余电流断路器的极限不驱动时间应大于下一级剩余电流断路器的动作时间，且时间差应尽量小。

② 选用的剩余电流断路器的额定剩余不动作电流，应小于被保护线路和设备正常运行时泄漏电流最大值的 2 倍。

③ 上一级剩余电流断路器的额定剩余动作电流应大于下一级剩余电流断路器的额定剩余动作电流之和，额定剩余动作电流级差通常为 1.2～2.5 倍。

④ 除末端保护外，各级剩余电流断路器应选用低灵敏度延时型的保护装置，且各级保护装置的动作特性应协调配合，实现具有选择性的分级保护。

⑤ 施工现场临时用电应形成不少于二级的剩余电流安全保护网。总配电箱、分配电箱和开关箱（或移动电箱）中的剩余电流断路器，其额定剩余动作电流和额定动作时间应合理配合，使之具有分级分段保护功能，以免发生越级动作。

（8）根据电气设备的工作环境条件选用剩余电流断路器。

① 剩余电流保护装置应与使用环境条件相适应。

② 对电压偏差较大的配电回路，电磁干扰强烈的地区、雷电活动频繁的地区（雷暴日超过 60.天）以及高温或低温环境中的电气设备，应优先选用电磁型漏电保护器。

③ 安装在电源进线处及雷电活动频繁地区的电气设备，应选用耐冲击型的漏电保护器。

④ 安装在易燃、易爆、潮湿或有腐蚀性气体等恶劣环境中的剩余电流保护装置，应根据有关标准选用有特殊防护条件的剩余电流保护装置或采取相应的防护措施。如用于潮湿或有腐蚀介质

的场所应采用防溅型剩余电流断路器。

⑤ 有强烈振动的场所宜选用电子型漏电保护器。

（9）连接室外架空线路的电气设备，可能发生冲击过电压时，可采取特殊的保护措施（如采用电涌保护器等过电压保护装置），并选用增强耐误脱扣能力的剩余电流断路器。

（10）剩余电流断路器的选择应符合《剩余电流动作保护电器（RCD）的一般要求》（GB/T 6829—2017）和《剩余电流动作保护装置安装和运行》（GB 13955—2017）的相关规定。必须按产品说明书安装使用。对搁置已久重新使用和连续使用一个月的剩余电流断路器，应认真检查其特性，发现问题及时修理或更换。

（11）剩余电流断路器用于间接接触电击事故防护时，应正确地与电网的系统接地型式相配合。

在 TN-C 系统中，只有改造为 TN-C-S 系统或 TN-S 系统后，才可以安装使用剩余电流断路器。在 TN-C-S 系统中，剩余电流断路器只允许使用在 N 线与 PE 线分开部分（分开点必须设置在剩余电流断路器进线侧前，出线侧后 N 线不能再接地）。

2. 剩余电流断路器动作参数的选择

（1）剩余电流断路器的主要参数：

① 额定漏电动作电流。当漏电电流达到此值时，保护器动作。

② 额定漏电动作时间。指达到漏电动作电流时起到电路切断为止的时间。

③ 额定漏电不动作电流，漏电电流在此值或此值以下时，保护器不应动作，其值为漏电动作电流的 1/2。

④ 额定电压及额定电流，与被保护线路和负载相适应。

其中最主要的参数为：额定漏电动作电流和额定漏电动作时间。

（2）参数的选定原则：研究表明人体对电击的承受能力除了和通过人体的电流值有关外（一般认为工频电流 50mA 为致命电

流），还与电流在人体中持续的时间有关。

从安全角度考虑，剩余电流断路器的动作电流选择得越小越好。但是，由于配电线路和用电设备总存在对地绝缘电阻和对地电容分布，在正常工作情况下也有一定漏电电流，如果剩余电流断路器动作电流小于配电线路和用电设备的总正常泄漏电流，则会造成经常性的误动作。

①《施工现场临时用电安全技术规范》（JGJ 46—2005）的规定：

开关箱中漏电保护器的额定漏电动作电流不应大于 30mA，额定漏电动作时间不应大于 0.1s。

使用于潮湿或有腐蚀介质场所的漏电保护器应采用防溅型产品，其额定漏电动作电流不应大于 15mA，额定漏电动作时间不应大于 0.1s。

总配电箱中漏电保护器的额定漏电动作电流应大于 30mA，额定漏电动作时间应大于 0.1s，但其额定漏电动作电流与额定漏电动作时间的乘积不应大于 30mA·s。

② 总配电箱和开关箱中两级漏电保护器的额定漏电动作电流和额定漏电动作时间应合理，使之具有分级保护功能。即上级漏电保护器在正常漏电范围内，或末端发生事故时，不会出现越级的动作。当下级漏电保护器失灵时作补救动作。

③ 为防止人身电击伤害，在室内正常环境设置漏电保护器，其动作电流应不大于 30mA，动作时间应不大于 0.1s。不同场所也应有不同的动作要求。漏电电流保护电器动作参数选择见表 4-9。

表 4-9　漏电电流保护电器动作参数选择

分类	接触状态	场所示例	允许接触电压	保护动作要求
Ⅰ类	人体非常潮湿	游泳池、浴池、桑拿浴室等照明灯具及插座	＜15V	6～10mA ＜0.1s

续表

分类	接触状态	场所示例	允许接触电压	保护动作要求
Ⅱ类	人体严重潮湿	洗衣机房动力用电设备、厨房灶具用电设备等	<25V	10～30mA 0.1s
Ⅲ类	人体接触电压时，危险性较大	住宅中的插座，客房中的照明及插座，实验室的试验台电源，锅炉房动力设备，地下室电气设备	<50V	0～50mA 0.1s

④ 手持式电动工具、移动电器、家用电器等设备应优先选用额定剩余动作电流不大于 30mA、一般型（无延时）的剩余电流断路器。当在金属物体上工作，操作手持式电动工具或使用非安全电压的行灯时，应选用额定剩余动作电流为 10mA、一般型（无延时）的剩余电流断路器。

⑤ 安装在游泳池、水景喷水池、水上游乐园、浴室等特定区域的电气设备应选用额定剩余动作电流为 10mA、一般型（无延时）的剩余电流断路器。

⑥ 选用的剩余电流断路器的额定剩余不动作电流，应不小于被保护电气线路和设备的正常运行时泄漏电流最大值的 2 倍。

二、剩余电流断路器的安装注意事项

（1）剩余电流断路器在不同的系统接地型式中应正确接线。单相、三相三线、三相四线供电系统中的正确接线方式，如图 4-7 所示。

在施工现场总配电箱中，应将动力用电和照明用电分开设置，且动力用电和照明用电均装设总 RCD。在用电量较大时，动力用电可采用具有漏电保护功能的组合电器或由零序电流互感器、剩余电流继电器和低压断路器或交流接触器组成的组合式 RCD，照

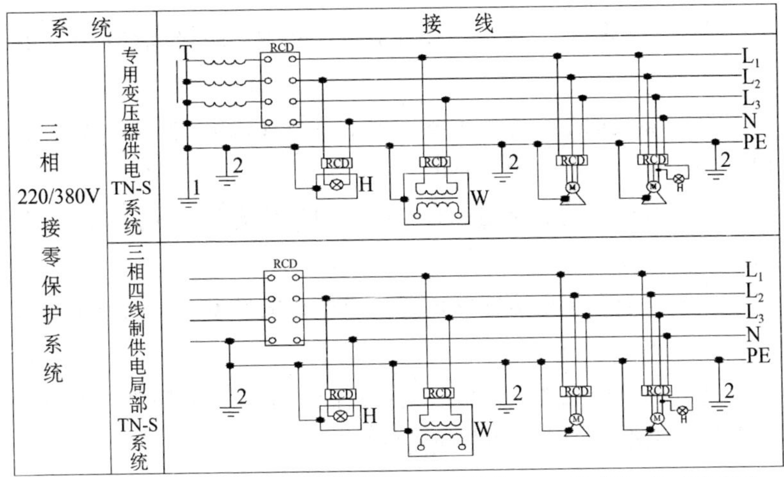

L_1、L_2、L_3—相线；N—工作零线；PE—保护零线、保护线；1—工作接地；2—重复接地；
T—变压器；RCD—漏电保护器；H—照明器；W—电焊机；M—电动机。

图 4-7　剩余电流断路器接线方式

明用电一般可采用开关式 RCD。

负载与 RCD 的接线方法：不管用电设备的额定工作电压是单相 220V 或三相 380V，其所提供的电源（含工作零线）必须出自同一个 RCD 或零序电流互感器的负载侧，否则将会引起误动作，影响设备的正常运行。施工现场采用多级 RCD 时，其之间接线方法应是下级 RCD 或零序电流互感器的电源侧进线（包括工作零线）必须全部接自上一级同一个 RCD 或零序电流互感器的负载侧。

（2）采用不带过电流保护功能，且需辅助电源的剩余电流断路器时，与其配合的过电流保护元件（熔断器）应安装在剩余电流断路器的负荷侧。

（3）剩余电流断路器负荷侧的 N 线，只能作为中性线（工作零线），不得与 PE 线混用，且不能重复接地。

（4）安装剩余电流断路器的电气线路或设备，在正常运行时，其泄漏电流必须控制在允许范围内，同时额定剩余不动作电流应满足要求。当剩余电流大于允许值时，必须对线路或设备进行检查或更换。

（5）安装剩余电流断路器的电动机及其他电气设备正常运行时的绝缘电阻不应小于 0.5MΩ。

（6）剩余电流断路器标有电源侧和负荷侧时，应按规定安装接线，不得反接。

（7）安装剩余电流断路器时，应在有电弧喷出方向留出足够的飞弧距离。

（8）剩余电流断路器应装设在总配电箱、开关箱靠近负荷的一侧，且不得用于启动电气设备的操作。

（9）组合式剩余电流断路器其控制回路的连接，应使用截面积不小于 $1.5mm^2$ 的铜芯线。

（10）剩余电流断路器安装时，必须严格区分 N 线和 PE 线，三极四线式剩余电流断路器或四极四线式剩余电流断路器的 N 线应接入保护装置。通过剩余电流断路器的 N 线，不得作为 PE 线，不得重复接地或接设备外露可接近导体。PE 线不得接入剩余电流断路器。

（11）安装剩余电流断路器后，应对原有的线路和设备的接地保护措施进行检查和调整：

① 剩余电流断路器不能作为 TN-C 系统电源端保护。

② 接线应符合原系统接地型式要求。

③ 分清 N 线和 PE 线，PE 线不应接入剩余电流断路器，N 线不应重复接地。

（12）剩余电流断路器安装后的检验项目：

① 用试验按钮试验 3 次，操作动作应正确。

② 剩余电流断路器带额定负荷电流分合 3 次，均应可靠工作。

三、使用与管理

（1）剩余电流断路器投入运行前应进行检查安装并做试验记录；剩余电流断路器投入运行前应操作试验按钮，检验剩余电流断路器的工作特性，确认能正常动作后，才允许投入正常运行。投入运行后，运行管理单位应建立相应的管理制度，并建立动作记录。

（2）剩余电流断路器投入运行后，必须按规定日期间隔操作试验按钮，检查其动作特性是否正常。雷电活动期和用电高峰期应增加试验次数。严禁利用相线直接对地短路或利用动物作为试验物。

（3）用于手持式电动工具、移动式电气设备和不连续使用的剩余电流断路器，应在每次使用前进行试验。施工现场剩余电流断路器每天使用前应启动剩余电流试验按钮试跳一次，试跳不正常时严禁继续使用，应立即更换或检修，功能正常方可继续使用。

（4）因各种原因停运的剩余电流断路器，再次使用前应进行通电试验，检查装置的动作情况是否正常。

（5）剩余电流断路器动作后，经检查未发现动作原因时，允许试送电一次。如果再次动作，应查明原因找出故障，不得连续强行送电。

（6）剩余电流断路器运行管理单位应定期检查剩余电流保护装置的使用情况，有故障的剩余电流断路器应立即更换。

（7）剩余电流断路器运行中出现异常现象时，应由专业人员进行检查处理，以免扩大事故范围。剩余电流断路器损坏后，应由专业人员进行维修或更换。

（8）在剩余电流断路器的保护范围内发生电击伤亡事故，应检查剩余电流断路器的动作情况，分析事故原因，在未调查前，不得拆动剩余电流断路器。

第五节　熔断器

熔断器是利用过载或短路电流熔断熔体（熔丝或熔片）来分断电路的一种电器，可用来保护电路、配电电器、控制电器和用电设备。起保护作用的部分是熔体，其串联在电路中，根据电流的热效应原理，当发生短路或严重过载时，因电流剧增，使熔体过热而熔化，从而切断电路，避免线路或电气设备受到短路电流或过载电流的损害。同时，通过熔断器之间的熔化特性和熔断特性的配合，以及熔断器与其他电器保护特性的配合，在一定的短路电流范围内可达到有选择性的保护。

熔断器按结构形式可分为：瓷插式熔断器、无填料封闭管式熔断器、有填料快速熔断器、有填料封闭管式熔断器、螺旋式熔断器等多种形式。常用熔体（熔丝）规格及技术数据见表 4-10。

一、熔断器选用的一般原则

（1）根据配电网电压选用相应电压等级的熔断器。

（2）熔断器的额定电流应根据熔体的额定电流确定，且应不小于熔体额定电流。

（3）熔断器的保护特性必须与被保护对象的过载特性有良好的配合，使其在整个曲线范围内获得可靠的保护。各类熔断器的保护特性曲线如图 4-8 所示，表示熔断器的切断电流的全部时间 t 与通过电流之间的关系曲线，这是一个反时限的保护特性曲线。

表 4-10　常用熔体（熔丝）规格及技术数据

熔体材料	直径/mm	额定电流/A	熔断电流/A	熔体材料	直径/mm	额定电流/A	熔断电流/A
铅锡合金丝	0.51	2	3	青铅合金丝	0.08	0.25	青铅合金丝的熔断电流均为额定电流的 2 倍
	0.56	2.3	3.5		0.15	0.5	
	0.61	2.6	4		0.20	0.75	
	0.71	3.3	5		0.22	0.8	
	0.81	4.1	6		0.28	1	
	0.92	4.8	7		0.29	1.05	
	1.22	7	L0		0.36	1.25	
	1.63	11	16		0.40	1.5	
	1.83	13	19		0.46	1.85	
	2.03	15	22		0.50	2	
	2.34	18	27		0.54	2.25	
	2.65	22	32		0.58	2.5	
	2.95	26	37		0.65	3	
	3.26	30	44		0.94	5	
铜丝	0.23	4.3	8.6		1.16	6	
	0.25	4.9	9.8		1.26	8	
	0.27	5.5	11		1.51	10	
	0.3	6.4	12.8		1.66	11	
	0.32	6.8	13.5		1.75	12.5	
	0.37	8.6	17		1.98	15	
	0.46	11	22		2.38	20	
	0.56	15	30		2.78	25	
	0.71	21	41		3.14	30	
	0.74	22	43		3.81	40	
	0.91	31	62		4.12	45	
	1.02	37	73		4.44	50	
	1.12	43	86		4.91	60	
	1.22	49	98		6.24	70	
	1.32	56	111				
	1.42	63	125				
	1.63	78	156				
	1.83	96	191				
	2.03	115	229				

注：① 铅锡合金丝中含铅 75%，含锡 25%。

② 铅锡合金丝的熔断电流是指 2min 内熔断所需的电流。

③ 铜丝熔断电流是指 1min 内熔断所需的电流，2min 所需电流为 1min 的 90%以上。

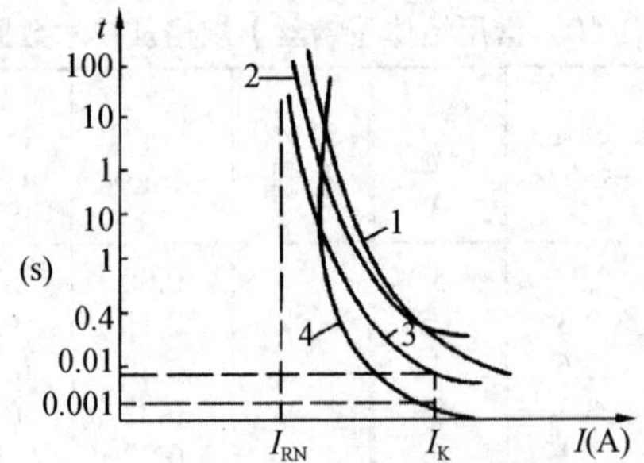

1—无填料熔断器；2—有填料熔断器；3—螺旋式熔断器；4—快速熔断器。

图 4-8　各类熔断器的保护特性曲线

（4）熔断器的极限分断电流应不小于所保护电路可能出现的短路冲击电流的有效值。

（5）在配电网中，各级熔断器必须相互配合以实现选择性。一般要求上一级熔体的熔断时间至少为下一级熔体熔断时间的 3 倍。为此，通常在线路中，上一级熔体的额定电流应比下一级熔体的电流大，一般大两级以上，此项工作叫作熔断器动作的选择性配合，如图 4-9 所示。

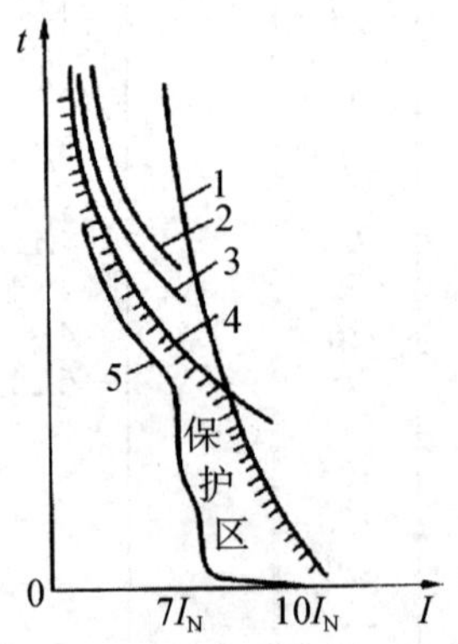

1—熔断器特性；2—电动机允许过负荷特性；3—热继电器特性（上限）；
4—热继电器特性（下限）；5—电动机启动特性。

图 4-9　熔断器动作的选择性配合

（6）熔体的熔断时间与启动设备动作时间的配合。当短路电流超过启动设备的极限熔断电流时，要求熔体的熔断时间小于启动设备断开时间，以免损坏启动设备。一般要求熔体的熔断时间为启动设备动作时间的 1/2，即可靠系数为 2。

（7）熔断器与被保护电线或电缆之间的配合。在线路过负荷或短路时，绝缘导线或电缆出现过热甚至引起燃烧时，熔断器应可靠动作。

（8）熔断体与断路器的级间配合。在断路器的分断能力低于安装处的预期短路电流的情况下，用熔断器作为断路器的短路保护是经济、合理的方案。

（9）短路保护电器应与启动电器协调配合。通常选用熔断器作为短路保护器，它应安装于启动器的电源侧（综合启动器内部已装有熔断器，不必另行考虑）。熔断器应能分断安装点的预期短路电流。在综合启动器中，一般按启动器额定电流的 2.5 倍选配熔断器，以保证电动机启动时不发生误动作。此外，熔断器与热继电器的保护特性的交点应选择适当，以便充分利用接触器的分断能力，又不至于因分断故障电流而烧坏接触器。

（10）只有要求不高的电动机才采用熔断器作过负荷和短路保护。一般过负荷保护宜用热继电器，而熔断器只用于短路保护。

二、熔断器的选用

（1）熔断器的额定电压必须大于或等于线路的工作电压。

（2）熔断器的额定电流必须大于或等于线路的计算电流，并不小于熔体的额定电流。

（3）熔断器与熔体规格要配套（见表 4-11～表 4-13）。

表 4-11 RL1 螺旋式熔断器技术数据

型号	额定电压/V	熔体额定电流/A	极限分断能力	
			电流/A	功率因数
RL1—15	380	2，4，5，6，10，15	25 000	0.35
RL1—60		20，25，30，35，40，50，60		
RL1—100		60，80，100	50 000	0.25
RL1—200		120，125，150，200		

表 4-12 RM10 无填料封闭管式熔断器技术数据

型号	额定电压/V	熔体额定电流/A		最大分断电流/kA
		熔管	熔体	
RM10—15	交流 220，380，500 直流 220，440	15	6，10，15	1.2
RM10—60		60	15，20，25，35，45，60	3.5
RM10—100		100	60，80，100	10
RM10—200		200	100，125，160，200	
RM10—350		350	200，225，260，300，350	
RM10—600		600	350，430，500，600	

表 4-13 RT0 有填料封闭管式熔断器技术数据

型号	额定电压/V	熔体额定电流/A		最大分断电流/kA
		熔管	熔体	
RT0—00	交流 380 直流 440	100	30，40，50，60，80，100	50
RT0—200		200	80，100，120，150，200	
RT0—400		400	150，200，250，300，350，400	
RT0—600		600	350，400，450，500，550，600	
RT0—1000		1 000	700，800，900，1 000	

三、熔断器的安装

（1）熔断器及熔体的容量应符合设计要求，所保护电气设备的容量与熔体容量应相匹配。对后备保护、限流、自复、半导体器件保护等有专用功能的熔断器，严禁替代。

（2）采用熔断器保护时，熔断器应装在各相上；单相线路的中性线也应装熔断器；在线路分支处应加装熔断器。但在三相四线回路中的中性线上不允许装熔断器，采用保护接零的零线上严禁装熔断器。

（3）熔断器安装位置及相互间距离，应便于更换熔体。

（4）有熔断指示器的熔断器，其指示器应装在便于观察的一侧。

（5）瓷质熔断器在金属底板上安装时，其底座应垫软绝缘衬垫，防止损坏瓷件。

（6）安装具有几种规格的熔断器，应在底座旁标明规格，以避免配装熔体时出现差错，影响熔断器对电器的正常保护作用。

（7）带有接线标志的熔断器，电源线应按标志进行接线，如RT-18X系列断相自动显示报警熔断器，就带有接线标志，电源进线应接在标志指示的一侧。

（8）有触及带电部分危险的熔断器，应配齐绝缘抓手。

（9）螺旋式熔断器的安装，严禁其底座松动。电源进线应接在熔芯引出的端子上，出线应接在螺纹壳引出的端子上，以确保安全。

（10）安装熔体时，应将熔体沿螺栓顺时针（顺螺旋）方向弯过来，压在垫圈下，以保证接触良好。

（11）安装熔断器应尽量垂直安装，保证插刀和刀夹座紧密接触，避免增大接触电阻，造成温度升高而发生误动作。有时因接触不良会产生火花，还会干扰弱电装置。

（12）安装熔体时应注意不让熔体受机械损伤，否则，相当于熔体截面变小，可能出现电气设备正常运行时熔体熔断的现象，影响设备正常运行。

四、低压熔断器的运行检查和故障处理

（1）投运中如需更换熔体时，一定要用与原来同样规格及材料的熔体，严禁用其他金属线代替保险丝（片），也禁止用多根熔丝绞合在一起替代一根较粗的熔丝。如属负荷增加，应据实选用适当熔体，以保证动作的可靠性。

更换熔体时，一定要先切断电源，不允许带负荷拔出熔体，以防电弧烧伤。特殊情况也应当设法先切断回路中的负荷，并做好必要的安全措施。对有触及带电部分危险的熔断器，应使用绝缘工具，确保安全操作。

（2）运行中应检查熔断管与插夹座的连接处有无过热现象，接触是否良好，以防电动机缺相运行事故的发生。

（3）检查熔体有无氧化腐蚀或损伤现象，如有碳化现象或闪络放电痕迹应擦净或更换。

（4）一般过负荷时，变截面熔体应在小截面处熔断，熔断部位的长度也较短，变截面熔体的大截面部位不熔化。若熔体爆熔或熔断部位很大，则多因短路引起熔断，应查明并排除电路故障。

（5）低压熔断器的常见故障及处理方法见表4-14。

表4-14　低压熔断器的常见故障及处理方法

常见故障	故障原因	处理方法
熔断器瓷件断裂	（1）制造质量不良； （2）外力破坏； （3）过热引起	如是制造质量不良或外力破坏，应停电更换；如是过热引起，应查明原因并消除

续表

常见故障	故障原因	处理方法
接线端子发热	（1）螺丝没拧紧，接触不良； （2）导线未处理好，表面氧化，接触不良； （3）铜铝接触氧化	导线与端子连接处应清理干净，螺丝必须拧紧，并避免铜、铝接触
熔体在正常情况下熔断	（1）熔体选择不当，容量过小； （2）熔体在安装时受损伤	应停电检查熔体，并调换合适的熔体，在安装时若熔体有损伤，应及时更换

第六节　交流接触器

一、交流接触器的用途

交流接触器用来频繁地接通和分断交直流主电路及大容量控制电路，并可实现远距离控制。主要控制对象通常是电动机，也可控制其他电力负载。具有操作方便、动作速度、灭弧性能好的特点，在自动控制中得到广泛应用。交流接触器的外形、结构及符号如图 4-10 所示。

一般情况下，接触器是用按钮控制的。在自动控制系统中，也可用继电器、限位开关或其他控制元件组成自动控制电路实现控制。接触器还具有失压保护或欠压保护的作用。

交流接触器的触头起分断电路和闭合电路的作用。触头用紫铜片制成，并在触头接触点部分镶上银块或合金材料，以减小接触电阻。接触器的触头系统分为主触头和辅助触头。主触头用于通断电流较大的主电路，体积较大，一般是由三对常开触头组成。辅助触头用于通断小电流的控制电路，体积较小，它有常开触头

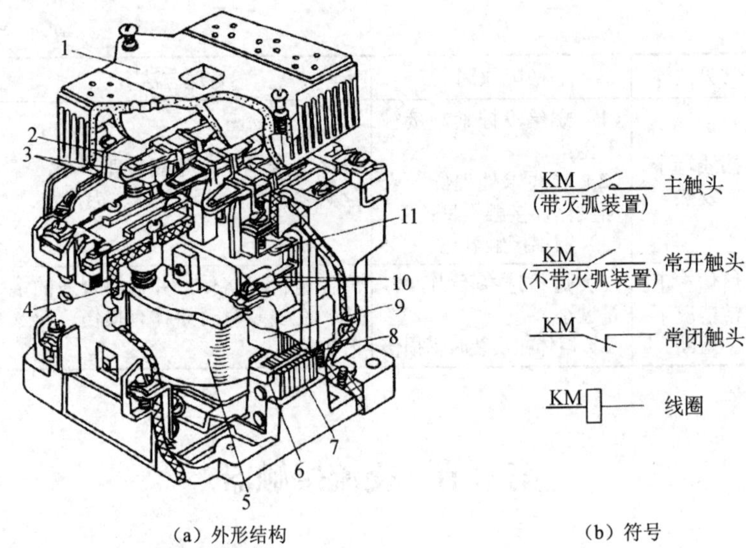

（a）外形结构　　　（b）符号

1—灭弧罩；2—触头压力弹簧片；3—主触头；4—反作用弹簧；5—线圈；6—短路环；7—静铁芯；8—缓冲弹簧；9—动铁芯；10—辅助常开触头；11—辅助常闭触头。

图 4-10　交流接触器的外形、结构及符号

和常闭触头两种。常开触头是指交流接触器线圈未通电时，其动触头和静触头处于断开状态，线圈通电后闭合，也叫动合触头。常闭触头是指交流接触器线圈未通电时，其动触头和静触头是闭合的，而线圈通电后则断开，也叫动断触头。

常开触头和常闭触头是连同动作的。当线圈通电时，常闭触头先断开，常开触头闭合。线圈断电时，常开触头先断开，随即常闭触头闭合。

二、交流接触器的选用

1. 交流接触器的类型选择

交流接触器按负荷种类一般分为一类、二类、三类和四类，分别记为 AC1、AC2、AC3 和 AC4。一类交流接触器用于无感或微感负荷，如白炽灯、电阻炉等；二类交流接触器用于绕线式异步电动机的启动和停止；三类交流接触器用于鼠笼型异步电动机的运转和运行中分断；四类交流接触器用于笼型异步电动机的启动、反接制动、反转和点动。

2. 交流接触器主触头额定电压的选择

交流接触器铭牌上所标额定电压是指主触头能承受的电压，并非吸引线圈的电压。使用时，交流接触器主触头的额定电压应大于或等于负荷的额定电压。

3. 交流接触器主触头额定工作电流的选择

接触器的额定工作电流并不完全等于被控设备的额定电流，这是它与一般电器的不同之处。被控设备的工作方式分为连续工作制、断续工作制、短时工作制三种情况，这三种运行状况要求按下列原则选择交流接触器的额定工作电流。

（1）对于连续工作制运行的用电设备，一般按实际最大负荷电流占交流接触器额定工作电流的67%～75%选用。

（2）对于断续工作制运行的用电设备，选用交流接触器的额定工作电流时，以使最大负荷电流占交流接触器额定工作电流的80%为宜。

（3）对于短时工作制运行的用电设备（暂载率不超过40%时），选用交流接触器的额定工作电流时，短时间的最大负荷电流可超过交流接触器额定工作电流的16%～20%。

（4）交流回路中的电容器投入电网或从电网中切除时，交流接触器选择应考虑电容器的合闸冲击电流。一般地，交流接触器的额定电流可按电容器的额定电流的1.5倍选取。

（5）用交流接触器对变压器进行控制时，应考虑浪涌电流的大小。如交流电弧焊机、电阻焊机等，一般可按变压器额定电流的2倍选取接触器。

（6）对于电热设备，如电阻炉、电热器等，负荷的冷态电阻较小，因此启动电流相应要大一些。选用交流接触器时可不用考虑（启动电流），直接按负荷额定电流选取。

（7）由于气体放电灯启动电流大、启动时间长，对于照明设备的控制，可按额定电流的1.1～1.4倍选取交流接触器。

4. 交流接触器极数的选择

根据被控设备运行要求（如可逆、加速、降压启动等）来选择交流接触器的结构形式（如二极、三极、四极、五极）。

5. 交流接触器吸引线圈电压的选择

如果控制线路比较简单，所用交流接触器的数量较少，则交流接触器吸引线圈的额定电压一般选用被控设备的电源电压，如380V 或 220V。如果控制线路比较复杂，使用的电器又比较多，为了安全起见，线圈的额定电压可选低一些，如110V或36V，这时需要加一个控制变压器。一般该电压数值以及线圈的匝数、线径等数据均标于线圈外壳上，而不是标于交流接触器外壳铭牌上，使用时应加以注意。

6. 交流接触器通断能力

可分为最大接通电流和最大分断电流。最大接通电流是指触点闭合时不会造成触点熔焊时的最大电流值；最大分断电流是指触点断开时能可靠灭弧的最大电流。一般通断能力是额定电流的5～10倍。当然，这一数值与开断电路的电压等级有关，电压越高，通断能力越小。

7. 交流接触器动作值

可分为吸合电压和释放电压。吸合电压是指交流接触器吸合前，缓慢增加吸合线圈两端的电压，交流接触器可以吸合时的最小电压。释放电压是指交流接触器吸合后，缓慢降低吸合线圈的电压，交流接触器释放时的最大电压。一般规定，吸合电压不低于线圈额定电压的 85%，释放电压不高于线圈额定电压的 70%。

8. 交流接触器操作频率

交流接触器在吸合瞬间，吸引线圈需消耗比额定电流大 5～7 倍的电流，如果操作频率过高，则会使线圈严重发热，直接影响交流接触器的正常使用。为此，规定了接触器的允许操作频率，一般为每小时允许操作次数的最大值。

9. 交流接触器寿命

交流接触器的寿命包括电寿命和机械寿命。目前交流接触器的机械寿命已达 1 000 万次以上，电气寿命是机械寿命的 5%～20%。

三、交流接触器的安装

（1）交流接触器一般应安装在垂直面上，倾斜度不超过 5°，要注意留有适当的飞弧空间，以免烧坏相邻电器。

（2）安装位置及高度应便于日常检查和维修，安装地点应无剧烈振动。

（3）安装孔的螺钉应装有弹簧垫圈和平垫圈，并拧紧螺钉以防松脱或振动，不要有零件落入交流接触器内部。

（4）检查接线正确无误后，应在主触点不带电的情况下，先使吸引线圈通电，分合数次，检查交流接触器动作是否可靠，然后才能投入使用。

（5）金属外壳或条架应可靠接地。

第七节　热继电器和热脱扣器

热继电器和热脱扣器也是利用电流的热效应制成的。热继电器的基本结构如图 4-11（a）所示。它主要由热元件、双金属片和触点三部分组成。其通常与接触器组合成磁力启动器，用于电动机的过载保护。当电动机正常运行时，热元件串接在电动机绕组电路中，所以流过热元件的电流即电动机的绕组电流，电动机在额定负载下正常运行时，由于热元件提供的热量不足以使它产生所需要的形变，一旦热元件因电动机过载而产生了超过其“规定值”的热量，双金属片就会在此热量的作用下弯曲产生位移，当双金属片向上弯曲到一定程度时，扣板失去约束，在拉力弹簧作用下迅速绕扣板轴逆时针转动，并带动绝缘拉板向右方移动而拉开串联于接触器线圈控制回路的动断触点，使接触器释放而断开电源，从而使电动机避免长期过载运行而烧毁。

电动机过载保护装置的热继电器，应满足三项基本要求：

（1）能保证电动机不因超过极限允许过载能力而被烧毁。

（2）能最大限度地利用电动机的过载能力。

（3）能保证电动机的正常启动。

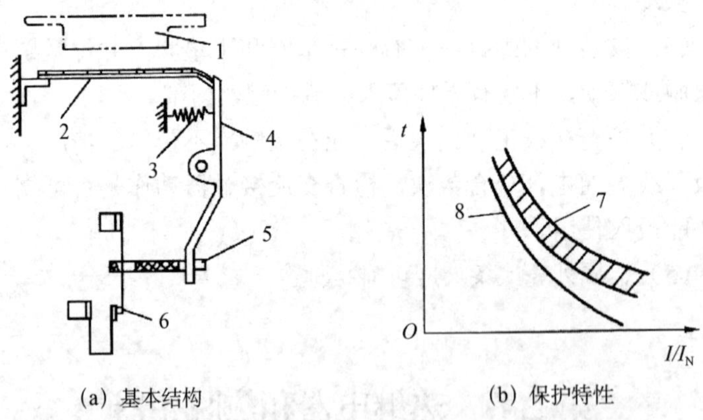

(a) 基本结构　　(b) 保护特性

1—热元件；2—双金属片；3—拉力弹簧；4—扣板；5—绝缘拉板
6—触点；7—电动机允许过负荷曲线；8—热继电器的保护特性曲线。

图 4-11　热继电器

热继电器的保护特性如图 4-11（b）所示，这个特性是反时限的，即过负荷电流 I 与额定电流 I_N 比值越大时，相应的热继电器动作时间 t 就越短。其要求电动机在额定电流下能正常工作，无须热继电器动作来保护它。当电动机过载 20%时，为充分发挥其过载能力，允许它持续过载一段时间，但也不宜过载太久，以免损坏电动机。至于过载 6 倍整定电流时要求继电器于 5s 之后动作，则是因为电动机启动时的电流一般为其额定电流的 6 倍，启动时间一般小于 5s。

热继电器常用在磁力启动器、降压启动器、低压断路器等设备中作过载保护器件。对于磁力启动器，热继电器的触点串联在吸引线圈回路中；对于降压启动器，热继电器的触点串联在失压脱扣器线圈回路中；对于低压断路器，热脱扣器直接把机械运动传递给开关的脱扣轴。这样，热继电器或热脱扣器的动作就能通过磁力启动器、降压启动器或低压断路器断开控制电路。同一热继电器或同一热脱扣器可以根据需要配用几种规格的热元件。继电器或脱扣器的动作电流值原则上整定为长期允许负荷电流值。

一、热继电器的选用

（1）热继电器的正确选用与电动机的工作制有密切关系。

当热继电器用来保护长期工作制或间断长期工作制的电动机时，一般可选用二相结构、三相结构或带有断相保护的三元件热继电器。

当热继电器用以保护反复短时工作制的电动机时，热继电器仅有一定范围的适应性。如果每小时操作次数很多（每小时超过 30 次），为防止热继电器在频繁地启动电流冲击下会误动作，就要选用带速饱和电流互感器的热继电器。

对于正反转和通断频繁的特殊工作制电动机，不宜采用热继电器作为过负荷保护装置，而应使用埋入电动机绕组的温度继电器或热敏电阻来保护。

（2）热继电器的选用与电动机的定子接线方式有密切关系。

我国目前生产的热继电器主要有JR0、JR1、JR2、JR9、JR10、JR15、JR16等系列，JR1、JR2系列热继电器采用间接受热方式，其主要缺点是双金属片靠发热元件间接加热，热耦合较差；双金属片的弯曲程度受环境温度影响较大，不能正确反映负载的过流情况。JR15、JR16等系列热继电器采用复合加热方式并使用了温度补偿元件，因此较能正确反映负载的工作情况。

JR1、JR2、JR0和JR15系列的热继电器均为两相结构，是双热元件的热继电器,可以用作三相异步电动机的均衡过载保护和Y联结定子绕组的三相异步电动机的断相保护，但不能用作定子绕组为△联结的三相异步电动机的断相保护。

JR16和JR20系列热继电器均是带有断相保护的热继电器，具有差动式断相保护机构。热继电器的选择主要根据电动机定子绕组的联结方式来确定热继电器的型号，在三相异步电动机电路中，对Y联结的电动机可选两相或三相结构的热继电器，一般采用两相结构的热继电器，即在两相主电路中串接热元件。对于三相感应电动机，定子绕组为△联结的电动机必须采用带断相保护的热继电器。

（3）双金属片热继电器一般用于轻载、不频繁启动电动机的过负荷保护。对于重载、频繁启动的电动机，则可用过电流继电器（延时动作型的）作它的过负荷和短路保护。因为热元件受热变形需要时间，一般热继电器不能作短路保护。但JR9系列除具有一般热继电器的热元件外，还设有电磁元件用作短路保护之用。

（4）热元件的额定电流和整定电流的选择。热元件的额定电流应略大于电动机的额定电流（一般为 1.1～1.25 倍），热元件的整定电流通常调整到电动机额定电流的 0.95～1.05 倍，此时，整定电流应留有一定的上下限调整范围。对于过负荷能力较差的电动机，所选热元件的整定值应适当小一些。目前我国生产的热继电器基本上适用于轻载启动，长期工作或间断长期工作电动机的过负荷保护。当电动机因带负荷启动时间较长或电动机的负荷是冲击性的负荷（如冲床等）时，热元件的整定电流应稍大于电动机的额定电流。

热继电器的动作电流并不等于其整定电流，而且通过热元件的电流越大，动作时间越短。其动作特性应满足下列要求：当电动机通过额定电流时，热继电器不会动作；而当电动机从热态开始过负荷 20%时，热继电器应能可靠地动作，动作时间不应超过 20min；当电动机过负荷 50%时，热继电器应在 2min 内动作；当电动机过负荷 6 倍整定电流时，热继电器应在 5s 内动作。

（5）热继电器周围环境温度与被保护设备周围环境温度差别不应超过 15～25℃，如前者较后者高出 15～25℃时，应调换大一号等级的热元件；若低于 15～25℃时，应调换小一号等级的热元件。

（6）根据热继电器特性曲线校验电动机过负荷 20%时，应可靠动作，而且热继电器的动作时间必须大于电动机长期允许过负荷的时间及启动时间。

二、热继电器的安装与使用注意事项

（1）热继电器的常闭触头用于过载保护，常开触头用于故障报警。

（2）热继电器应安装在与地面相垂直的安装板或箱体内，其盖板朝上并处于水平位置。这样有利于继电器本身的散热，防止热量积聚，产生误动作。

（3）热继电器与外部连接的导线截面应满足热元件最大整定电流的要求，并符合表 4-15 的规定。这是因为导线材料的粗细均能影响热元件端接点传导到外部热量的多少。导线过细，轴向导热差，热继电器可能提前动作；反之，导线过粗，轴向导热快，热继电器可能滞后动作。若用铝芯导线，导线的截面积应增大约 1.8 倍。接线端螺钉要拧紧，防止松动造成接触不良而发热。

表 4-15　热继电器连接铜芯导线选用表

热继电器额定电流 I_N/A	连接导线截面积/mm^2	连接导线种类
$I_N \leqslant 11$	2.5	单股铜芯塑料线
$11 < I_N \leqslant 22$	4	
$22 < I_N \leqslant 33$	6	
$33 < I_N \leqslant 45$	10	多股铜芯塑料线
$45 < I_N \leqslant 63$	16	
$63 < I_N \leqslant 100$	25	
$100 < I_N \leqslant 160$	35	

（4）检查有无其他电器或热源影响热继电器的动作特性。当热继电器与其他电器装在一起时，应安装在其他电器的下方，以免动作特性受到其他电器发热的影响。

（5）检查热元件的整定电流是否与负荷电流相配合，必要时进行定值校验。

第八节　电磁式继电器和电磁脱扣器

电磁式继电器按照线圈电流的种类不同，可分为直流和交流两类。按其用途不同可分为电流继电器、电压继电器、中间继电器和时间继电器（延时继电器）等。

一、电磁式过电流继电器（或脱扣器）

电流继电器是按线圈电流的变化而动作，大于额定电流或整定电流时铁芯吸合的称为过电流继电器（或脱扣器），小于额定电流或整定电流时铁芯释放的称为欠电流继电器（或脱扣器）。其工作原理如图 4-12 所示。电磁部分主要由线圈和铁芯组成。线圈串联在主线路中，当线路电流达到继电器（或脱扣器）的整定电流时，在电磁吸力的作用下，衔铁很快被吸合。衔铁可以带动触点实现控制（继电器），或者借助中间机构通过脱扣轴实现控制（脱扣器）。交流过电流继电器（或脱扣器）的动作电流可在其额定电流 110%～350%的范围内调节，直流的可在其额定电流 70%～300%的范围内调节。

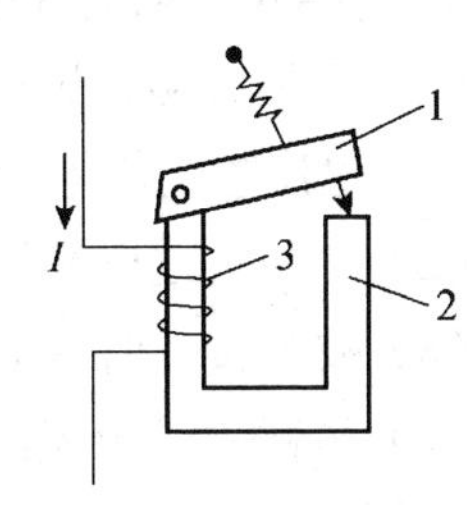

1—衔铁；2—铁芯；3—线圈。

图 4-12　电磁式过电流继电器的动作原理

不带延时的电磁式过电流继电器（或脱扣器）的动作时间不超过 0.1s；短延时的仅为 0.1～0.4s。这两种都适用于短路保护。从人身安全的角度看，采用这种继电器（或脱扣器）能大大缩短碰壳故障存在的时间，迅速消除触电的危险。

长延时的电磁式过电流继电器（或脱扣器）的动作时间都在 1s 以上，适用于过载保护。

过电流继电器通常用在反复短时工作制电动机控制电路中，起到电动机的过电流保护作用。电流继电器还广泛应用于线路、变压器等作过负荷和短路保护，在电力起重运输机械中应用也较多。

1. 电磁式过电流继电器的选用

（1）电磁式过电流继电器的触点种类、数量、额定电压应满足控制电路的要求。

（2）电磁式过电流继电器线圈的额定电流应大于或等于电动机的额定电流或线路计算电流。

（3）电磁式过电流继电器的动作电流，一般为电动机额定电流的 1.7～2 倍；频繁启动时，为电动机额定电流的 2.25～2.5 倍。

2. 电磁式过电流继电器安装调试注意事项

（1）根据电磁式过电流继电器的铭牌数据，检查其线圈的额定电压、电流整定值等参数是否符合控制线路和设备的技术要求。

（2）电磁式过电流继电器，应安装在控制箱内使用。

（3）安装接线时，应注意正确接线，安装螺钉不得松动。

（4）电磁式过电流继电器安装在环境温度高、空气湿度大及有振动等场所，均应采取防护措施，以保证电磁式过电流继电器的可靠运行。

（5）对电磁式过电流继电器在主触点不带电的情况下，吸引线圈通电操作几次，电磁式过电流继电器应动作可靠。

（6）电磁式过电流继电器的线圈串联在主线路中，使用中由于电流大容易过热而损坏。

二、失压（欠压）脱扣器

失压（欠压）脱扣器也是利用电磁力的作用进行工作的。其工作原理如图 4-13 所示，在正常工作时，衔铁是在闭合位置，而且吸引线圈并联在线路上。当线路电压消失或降低到 30%～65%时，衔铁被弹簧拉开，通过脱扣机构、减压启动器或低压断路器

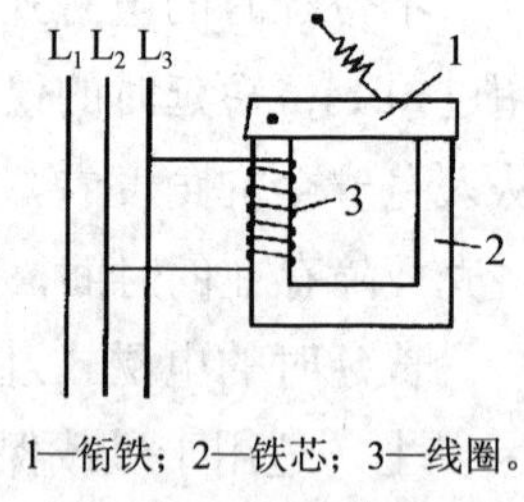

1—衔铁；2—铁芯；3—线圈。

图 4-13 欠压（失压）脱扣器的工作原理

断开线路。

1. 失压保护

失压保护是避免机械设备因停电而停车后（电源开关未拉开），再度来电时自行启动开车的保护措施，其目的是防止突然开车伤及操作人员或工件报废等事故。机床设备的控制线路设计都应有失压保护。失压保护有多种实现方法：由零压继电器与电磁类操作开关控制回路配合实现的失压保护，由低压断路器失压脱扣器实现的失压保护，由接触器与控制按钮配合实现的失压保护。断电时零压继电器的动断触点断开开关控制电路，于是低压断路器自动脱扣或接触器释放。再度来电时，不经重新操作主令电器或开关，电源就不能接通，因而避免自行开车事故。

2. 欠压保护

欠压保护是避免电动机在过低电压下运行而被烧毁的保护措施。电源电压过低时，电动机的转矩将按电压的平方关系降低，如机械负载不变，电动机的转速将降低，电流将增大，持续时间过长，电动机将过热甚至烧毁。电动机欠压保护的实现原理和方法与失压保护类同。控制电路与主电路接于同一电源的接触器，本身便具有欠压保护的功能，当电源电压降低至一定数值时，线圈产生的磁力不足，将使其触点释放，保护电动机。

三、电压继电器

电压继电器用于电力拖动系统的电压保护和控制。其线圈并联接入主电路，感测主电路的线路电压；触点接于控制电路，为执行元件。

按吸合电压的大小，电压继电器可分为过电压继电器和欠电压继电器。

过电压继电器用于线路的过电压保护，其吸合整定值为被保护线路额定电压的 1.05～1.2 倍。当被保护的线路电压正常时，衔铁不动作；当被保护线路的电压高于额定值，达到过电压继电器的整定值时，衔铁吸合，触点机构动作，控制电路失电，控制接触器及时分断被保护电路。

欠电压继电器用于线路的欠电压保护，其释放整定值为线路额定电压的 0.1～0.6 倍。当被保护线路电压正常时，衔铁可靠吸合；当被保护线路电压降至欠电压继电器的释放整定值时，衔铁释放，触点机构复位，控制接触器及时分断被保护电路。

零电压继电器是当电路电压降低到额定电压的5%～25%时释放，对电路实现零电压保护，用于线路的失压保护。

中间继电器实质上是一种电压继电器。它的特点是触点数目较多，电流容量可增大，起到中间放大（触点数目和电流容量）的作用。

第九节 时间继电器

一、时间继电器用途

从接收信号（线圈的通电或断电）时起，需经过一定的时限后才能有信号输出（触点的闭合或分断）的继电器称为时间继电器。它在控制电路中起到按时间控制的作用，其感测部分接收输入信号以后，经过设定的时间，通过执行机构操纵控制回路。时间继电器的种类很多，有电磁式、空气阻尼式、电动式、电子式、单片机式时间继电器等。

以下主要介绍一下空气阻尼式时间继电器和电子式时间继电器。

1. 空气阻尼式时间继电器

空气阻尼式时间继电器，是利用空气阻尼原理获得延时的。

它由电磁系统、延时机构和触点三部分组成，电磁机构为直动式双 E 型，触点系统是借用微动开关，延时机构采用气囊式阻尼器。空气阻尼式时间继电器，既具有由空气室中的气动机构带动的延时触点，也具有由电磁机构直接带动的瞬动触点；可以做成通电延时型，也可做成断电延时型。电磁机构可以是直流的，也可以是交流的。

图 4-14 为 JS7 式时间继电器外形图与结构原理图。它主要由电磁系统、工作触头及空气室三部分组成。当时间继电器接入电源后，吸引线圈产生电磁力，将衔铁吸下，于是在胶木块与撑杆之间形成空隙，胶木块在压缩弹簧的作用下向下移动。而胶木块与伞形活塞相连，活塞表面固定有橡皮膜。因此，当活塞向下移动时，在膜上面造成空气稀薄的空间，活塞受到下面空气的压力，不能迅速下降。当空气由进气孔逐渐进入时，活塞才逐渐下降。移动到最后位置时，挡块使触头动作。通过调节螺栓调节进气孔

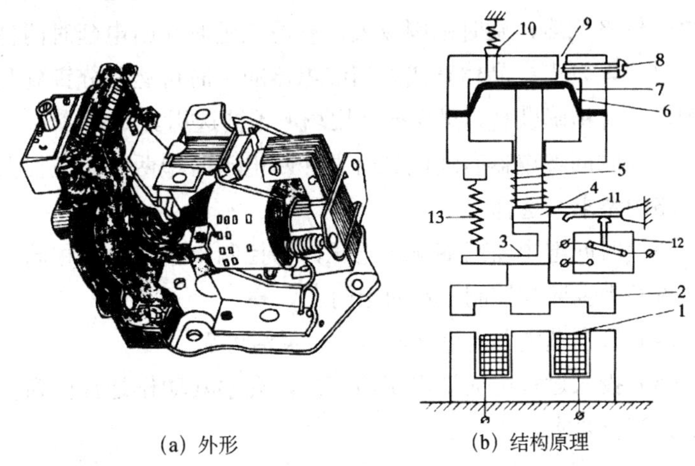

(a) 外形　　(b) 结构原理

1—线圈；2—衔铁；3—支撑杆；4—胶木块；5—弹簧；6—橡胶膜活塞；7—空气室；8—进气孔调节螺栓；9—进气孔；10—排气孔；11—压杆；12—触头；13—恢复弹簧。

图 4-14　JS7 式时间继电器

的大小，就可以调节延时时间。吸引线圈断电后，依靠反力弹簧的作用复原，空气经由出气孔迅速排出。

2. 电子式时间继电器

电子式时间继电器在时间继电器中已成为主流产品，电子式时间继电器由晶体管或集成电路等电子元件构成，目前已有采用单片机控制的时间继电器。电子式时间继电器具有延时范围广、精度高、体积小、耐冲击和耐振动、调节方便及寿命长等优点，所以发展很快，应用广泛。

半导体时间继电器的输出形式有两种：有触点式和无触点式，前者是用晶体管驱动小型电磁式继电器，后者是采用晶体管或晶闸管输出。

二、时间继电器选用与使用

（1）时间继电器类型的选择：空气阻尼式时间继电器的结构简单，价格低廉，延时范围较大，有通电延时和断电延时两种，但延时误差较大。晶体管式时间继电器的延时可达几分钟到几十分钟，延时精确度高。可根据使用场所不同选用。

（2）时间继电器有通电延时型和断电延时型两种，应根据控制线路的要求来选择。

（3）时间继电器线圈额定电压，与控制电路的电压相同；线圈电流种类也应与控制电路的相同。

（4）检查继电器的可动部分是否灵活可靠。

（5）投入运行前应通电试验三次，观察其动作是否正确，延时是否符合要求。

第十节　主令电器

主令电器是在自动控制系统中用来发出指令操纵的电器，用它来控制接触器、继电器或其他电器，使之接通和分断电路来实现生产机械的自动控制。常用主令电器有控制按钮、行程开关、万能转换开关等。

一、控制按钮

控制按钮是一种结构简单，应用广泛，短时接通或断开小电流电路的电器。按钮的外形结构如图 4-15 所示。根据内部触点状况可分为常开、常闭和复合式按钮开关等。在结构形式上有揿钮式、紧急式、钥匙式、旋钮式、带灯式和消防打碎玻璃按钮等。

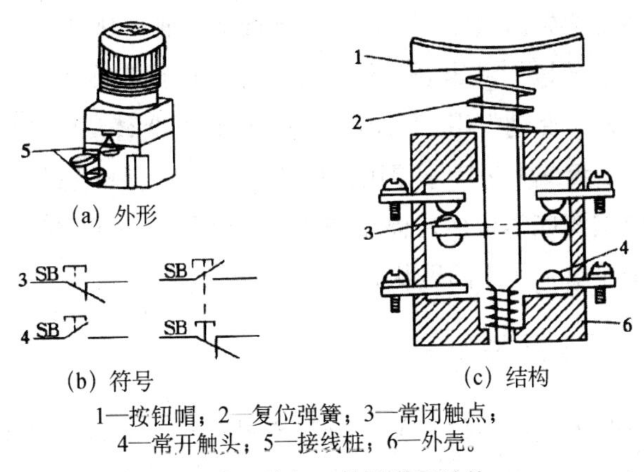

(a) 外形　(b) 符号　(c) 结构

1—按钮帽；2—复位弹簧；3—常闭触点；
4—常开触头；5—接线桩；6—外壳。

图 4-15　按钮开关的外形结构

在电器控制线路中，常开按钮常用来启动电动机，也称启动按钮，常闭按钮常用于控制电动机停车，也称停止按钮，复合按钮用于连锁控制电路中。

常用的控制按钮有 LA2、LA18、LA20、LAY1 和 SFAN-1 型系列按钮。其中 SFAN-1 型为消防打碎玻璃按钮。LA2 系列为仍在使用的老产品，新产品有 LA18、LA19、LA20 等系列。其中 LA18 系列采用积木式结构，触点数目可按需要拼装至六常开六常闭，一般装成二常开二常闭。LA19、LA20 系列有带指示灯和不带指示灯两种，前者按钮帽用透明塑料制成，兼作指示灯罩。

1. 控制按钮选用

（1）根据按钮使用场合、结构形式、触头数及颜色进行选用。

（2）控制回路的电压应不超过按钮的额定电压（交流电压 500V、直流电压 440V）。

（3）控制回路的电流应不超过按钮的额定电流（不超过 5A）。

2. 控制按钮的安装注意事项

（1）安装在面板上的按钮，应布置整齐，排列合理。如根据电动机启动的先后次序，应从上到下或从左到右排列。

（2）安装按钮应牢固，红色按钮作“停止”或“急停”用。绿色按钮作“启动”用。“启动”与“停止”交替动作的按钮必须是黑色、白色或灰色，不得用红色和绿色。“点动”按钮必须是黑色，复位按钮应为蓝色，停止按钮应为红色。黄色透明的带灯按钮多用于显示工作或间歇状态。

二、行程开关

行程开关又称限位开关，用于控制机械设备的行程及限位保护。在实际生产中，将行程开关安装在预先安排的位置，当装于生产机械运动部件上的模块撞击行程开关时，行程开关的触点动作，实现电路的切换。因此，行程开关是一种根据运动部件的行程位置而切换电路的电器，它的工作原理与按钮类似。

行程开关按其结构可分为直动式、滚轮式、微动式等。

（1）直动式行程开关：主要由推杆、弹簧、动断触点、动合触点、外壳等组成。其动作原理与按钮开关相同，但其触点的分合速度取决于生产机械的运行速度，不宜用于速度低于 0.4m/min 的场所。

（2）滚轮式行程开关：主要由滚轮、上转臂、弹簧、套架、滑轮、压板、触点、横板、外壳等组成。其原理是当被控机械上的撞块撞击带有滚轮的撞杆时，撞杆转动带动凸轮转动，顶下推杆，使微动开关中的触点迅速动作。当运动机械返回时，在复位弹簧的作用下，各部分动作部件复位。

滚轮式行程开关又分为单滚轮自动复位和双滚轮（羊角式）非自动复位式，双滚轮行程开关具有两个稳态位置，有“记忆”作用，在某些情况下可以简化线路。

（3）微动式行程开关：主要由推杆、弹簧、压缩弹簧、动断触点、动合触点、外壳等组成。具有瞬时换接触头、微量动作行程和动作力小等特点。

行程开关的安装注意事项：

① 额定电压应不低于控制电路电压。

② 防护等级应符合使用场合要求。

③ 机械强度、动作力、动作精度应符合工艺要求。

④ 安装定位准确，安装方式正确，安装牢固，安装孔位有适当的调节余地。

⑤ 撞块设置合理，偏角满足行程开关工作行程的要求。

三、万能转换开关

万能转换开关是一种多挡式、控制多回路的主令电器。万能转换开关主要用于各种控制线路的转换，电压表、电流表的换相测量控制，配电装置线路的转换和遥控等。万能转换开关还可以用于直接控制小容量电动机的启动、变速和换向。

常用产品有 LW5 和 LW6 系列。LW5 系列可控制 5.5kW 及以下的小容量电动机；LW6 系列只能控制 2.2kW 及以下的小容量电动机。用于可逆运行控制时，只有在电动机停车后才允许反向启动。LW5 系列万能转换开关按手柄的操作方式可分为自复式和自定位式两种。

所谓自复式是指用手拨动手柄于某一挡位时，手松开后，手柄自动返回原位；定位式则是指手柄被置于某挡位时，不能自动返回原位而停在该挡位。

万能转换开关的手柄操作位置是以角度表示的。不同型号的万能转换开关的手柄有不同万能转换开关的触点。但由于其触点的分合状态与操作手柄的位置有关，所以，在绘图时，除在电路图中画出触点图形符号外，还应画出操作手柄与触点分合状态的关系。

第十一节　常用控制电路

一、电动机单向运行控制电路

电动机单向运行控制电路只能控制电动机单方向运行，其接线原理如图 4-16 所示。线路动作原理：启动时，合上开关 QS，按下启动按钮 SB_1，交流接触器 KM 的线圈通电，其主触头闭合，电动机 M 启动运转。同时，其辅助常开触头（自锁触头，即并联在启动按钮的接触器辅助常开触头）闭合，形成自锁，电动机仍能继续运转。停止时按下停止按钮 SB_2，接触器线圈失电释放，主触头断开，电动机脱离电源而停转。其中自锁（或自保）触头具有自保、欠压与失压（或零电压）保护作用。

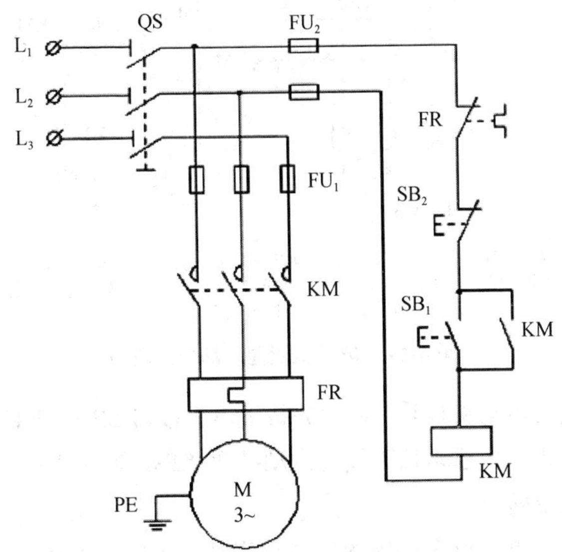

QS—开关；FU_1、FU_2—主、控回路熔断器；FR—热继电器；
KM—交流接触器；SB_1—启动按钮；SB_2—停止按钮；M—电动机。

图 4-16　电动机单向启动控制电路

二、电动机双向运行控制电路

电动机双向运行控制电路能控制电动机正转和反转运行，其接线原理如图 4-17 所示。

电路动作原理：启动时，合上开关 QS。按下正转启动按钮 SB_1，正向接触器 KM_1 线圈通电，其主触头闭合，电动机正向转动，同时，自锁触头闭合形成自锁，其常闭互锁触头断开，切断了反转通路，防止了误按反向启动按钮 SB_2，KM_1、KM_2 同时闭合而使电源短路。

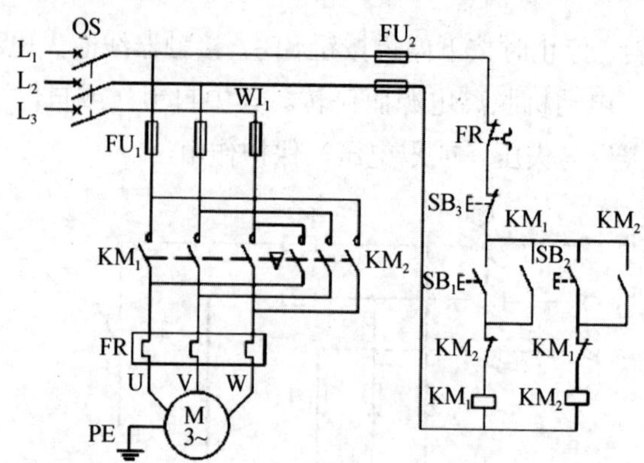

QS—开关；FU_1、FU_2—主、控回路熔断器；FR—热继电器；
M—电动机；KM_1、KM_2—正转、反转交流接触器；SB_3—停止按钮；
SB_1—正转启动按钮；SB_2—反转启动按钮。

图 4-17　电动机双向启动控制电路

要实现电动机反转，必须先按下停止按钮 SB_3，使 KM_1 释放，电动机停止，然后再按下反向启动按钮 SB_2，KM_2 闭合后，电动机才可以反转。

由此可见，以上电路的工作顺序是：正转—停止—反转—停止—正转。为了缩短从正转到反转或从反转到正转的时间，可采用复合按钮控制，即可从正转直接过渡到反转，反转到正转的变换也可直接进行，如图 4-18 所示。此电路实现了双重互锁，即接触器触头的电气互锁和控制按钮的机械互锁，使线路的可靠性得到提高。

三、星—三角启动控制电路（Y–△启动）

功率容量较大的电动机直接采用三角形接法启动会对供电线路造成较大影响，可采用星—三角启动法，即启动时定子绕组为 Y 形连接，待转速升高一定程度时，改为△形连接，直到稳定运行。

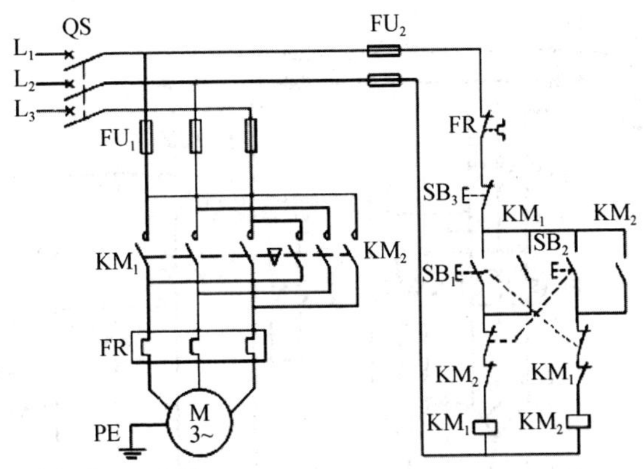

QS—开关；FU_1、FU_2—主、控回路熔断器；FR—热继电器；
M—电动机；KM_1、KM_2—正转、反转交流接触器；SB_3—停止按钮；
SB_1—正转启动按钮；SB_2—反传启动按钮。

图 4-18　电动机双重互锁控制电路

采用这种方法启动时，可使每相定子绕组所受的电压在启动时降为电路电压 U 的 $1/\sqrt{3}$，其线电流为直接启动时的 1/3，所以也称星—三角控制电路。由于启动电流的减小，启动转矩也相应减小到直接启动的 1/3，所以这种启动方法只能用于空载或轻载启动的场合。

启动控制电路由按钮、接触器、时间继电器等组成，Y−△启动控制电路如图 4-19 所示。

安装调试中应注意以下几点：

（1）由接触器连接到电机的 6 根负荷线是接在电机相线上的，由负荷三角形接法特点可知：

$$I_{相}=\frac{I_{线}}{\sqrt{3}}\approx 0.58I_{线}=0.58I_N$$

故此时的 6 根负荷线允许载流量不需要按电动机的额定电流来选择，而是按电动机额定电流的 0.58 倍来选择 6 根负荷线，即按电动机相电流选取负荷线。

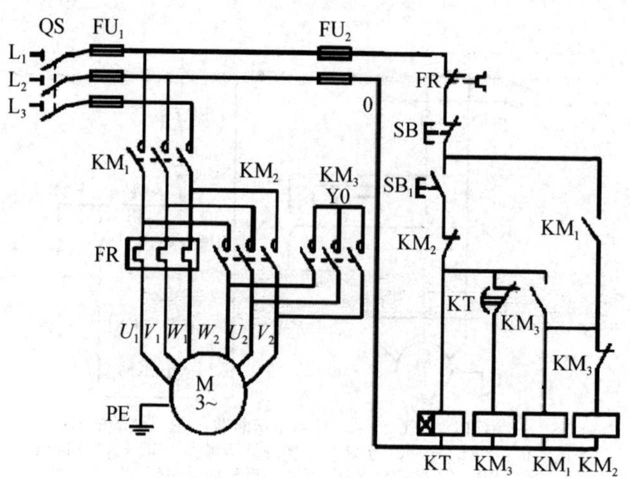

QS—开关；FU_1、FU_2—主、控回路熔断器；FR—热继电器；
M—电动机；KT—时间继电器；KM_1—主交流接触器；
KM_2—△交流接触器；KM_3—Y交流接触器；
SB—停止按钮；SB_1—启动按钮。

图 4-19　Y—△启动控制电路

（2）6 根负荷线的相序不能接错，否则电动机不能完成有效的三角形连接。

（3）此时的三相热继电器也是接在相线上，热继电器的选择与整定也应按电动机额定电流的 0.58 倍来选择与整定。

（4）降压启动时间整定，也是比较重要的参数，太长或太短都不好。要根据负荷性质与电动机现场实际运行状态以完成启动过程来整定，一般是 8～30s 不等，有的风机可能达到 1min 以上。可通过下列方法来判断：

① 观察电流表指针变化：启动后启动电流开始明显时下降的时间可作为转换整定时间。

② 听声音：启动过程是一种加速过程，声音首先是尖锐而急促的“呜—呜”声，然后逐渐转为平稳，声音达到比较平稳时可

作为转换整定时间。

③ 观察转速变化：转速趋于稳定时所用的时间可作为转换整定时间。

由图 4-19 启动过程分析：

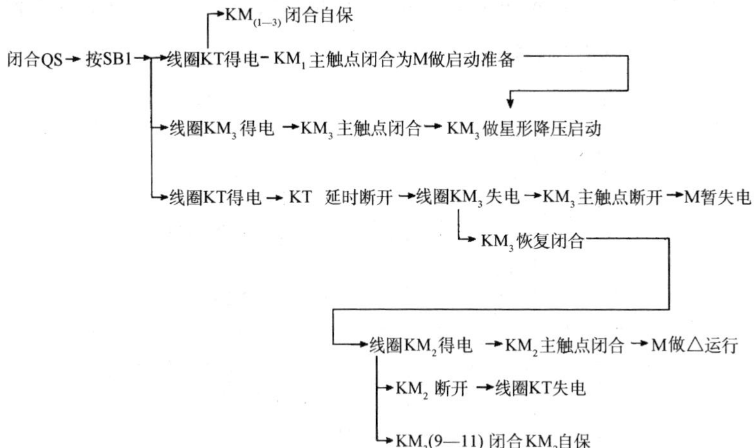

四、混凝土搅拌机的控制电路

混凝土搅拌分为几道工序：搅拌机滚筒正转搅拌混凝土，反转使搅拌好的混凝土出料；料斗电动机正转，牵引料斗起仰上升，将骨料和水泥倒入搅拌机滚筒，反转使料斗下降放平（以接受再一次的下料）；在混凝土搅拌过程中，还需要由操作人员按动按钮 SB_7，以控制给水电磁阀 YV 的启动，使水流入搅拌机的滚筒中，加足水后，松开按钮，电磁铁断电，切断水源。

典型的混凝土搅拌机控制电路如图 4-20 所示。控制电源采用 380V 电压。在主电路中，搅拌机滚筒电动机 M_1 一般采用正、反转控制，无特殊要求；而料斗电动机 M_2 的电路上并联一个电磁铁线圈 YB，称为制动电磁铁。当给电动机 M_2 通电时，电磁铁线圈也得电，立即使制动器松开电动机 M_2 的轴，使电动机能够旋转；当 M_2 断电时，电磁铁线圈也断电，在弹簧力的作用下，使制动器刹住电动机 M_2 的轴，则电动停止转动，在控制电路中，设有限位开关 SQ_1 或 SQ_2（分别接入 KM_3 和 KM_4 回路），以限制上、下端的极限位置，一旦料斗碰到限位开关 SQ_1 或 SQ_2，便使吸引线圈断电，则电动机停止转动。

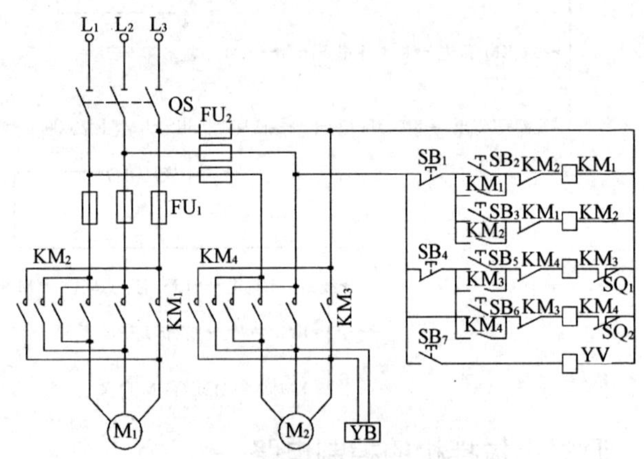

图 4-20　混凝土搅拌机控制电路

五、塔式起重机的控制电路

塔式起重机是目前国内普遍应用的一种有轨道的起重机械。它的种类较多，仅以 QT60/80 型塔式起重机为例进行介绍。

塔式起重机结构如图 4-21 所示。起重机能在轨道上进行移动行走，根据需要可以改变起重臂的回转方向、仰角的幅度和使起吊重物上下运动。这种形式的起重机适用于占地面积较大的多层建筑的施工。

QT60/80 型塔式起重机控制电路的主电路原理如图 4-22 所示。

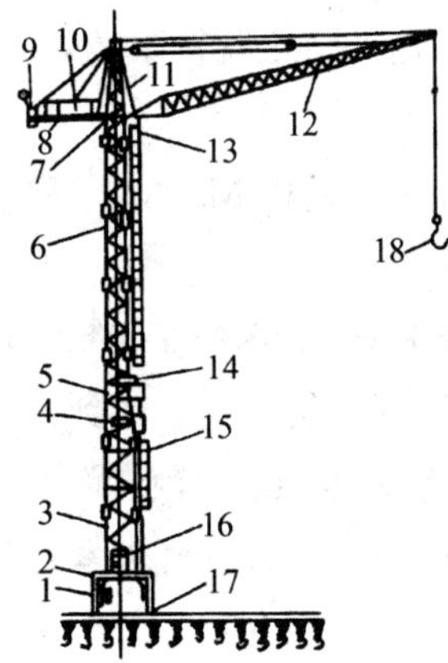

1—电缆卷筒；2—龙门架；3—塔身（第一、第二节）；4—提升机构；5—塔身（第三节）；6—塔身（延接架）；7—塔顶；8—平衡臂；9—平衡重；10—变幅机构；11—塔帽；

12—起重臂；13—回转机构；14—驾驶室；15—爬梯；16—压重；17—行走机构；18—吊钩。

图 4-21　QT60/80 型塔式起重机

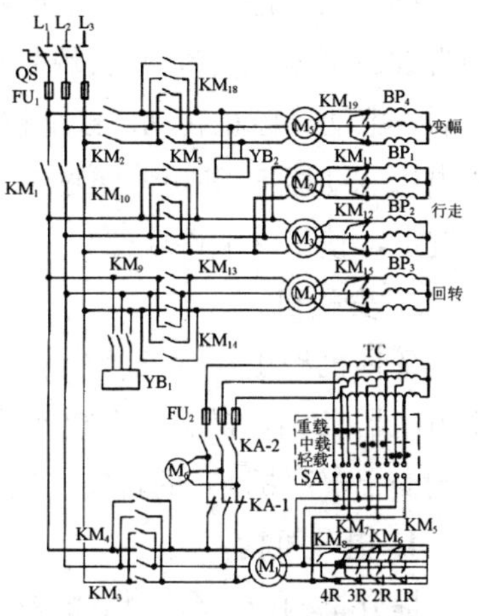

图 4-22　QT60/80 型塔式起重机控制电路主电路原理

其主要工作原理如下：

1. 行走机构

行走机构采用两台起重机械专用的三相绕线式异步电动机 M_2、M_3 作为驱动电机。为了减小启动电流，采用频敏电阻器 BP_1、BP_2 作为启动电阻。M_2、M_3 异步电动机的整个启动过程，启动电流逐步减小，接近于恒值启动转矩。正常转速时，通过接触器 KM_{11}、KM_{12} 将电阻器短接。

通过交流接触器 KM_9 或 KM_{10} 来控制电动机的正、反转动方向，决定起重机的行走和行走方向。为了行走安全，在轨道的两端各装有一块撞块起限位保护作用。当起重机走到极限位置时，使行走电动机断电停转，起重机停止行走，防止脱轨事故。

2. 回转机构

回转机构由一台专用三相绕线式异步电动机 M_4 驱动。启动时接入频敏电阻器 BP_3，以减小启动电流。

操纵主令控制器，通过交流接触器 KM_{13} 或 KM_{14} 控制回转电动机 M_4 的正、反转，来实现起重臂不同的回转方向。转到某一位置后，电动机停止转动。按下按钮，接触器 KM_{16} 主触点闭合，三相电磁制动器 B_1 通电，通过锁紧制动机构，将起重臂锁紧在某一位置上，使吊件准确就位。

3. 变幅机构

变幅机构由一台三相绕线式异步电动机驱动，启动时接入频敏电阻器 BP_4。操纵主令控制器，通过交流接触器 KM_{17}、KM_{18} 控制变幅电动机 M_5 的转向，实现改变起重臂仰角的幅度。

4. 提升机构

提升机构由一台三相绕线型异步电动机 M_1 驱动曳引轮、钢丝绳和吊钩的运动。操纵主令控制器可以控制提升电动机的启动、调速和制动。例如通过接触器 KM_3、KM_4 控制电动机的启动和转向，使吊钩上升或下降。

通过调速接触器 KM_5、KM_6、KM_7、KM_8 的主触点依次闭合，改变转子电路外接电阻的大小改变绕线式电动机的转速。接触器都不工作时，外接电阻全部接入，转速最低，吊件慢速提升。接触器 KM_8 工作时，外接电阻全部短接，电动机运行于自然特性上，转速最高，吊件提升速度最快。

提升电动机 M_1 采用电力液压推杆制动器制动。电力液压推杆制动器由小型鼠笼式异步电动机 M_6、油泵和机械抱闸等部分组成。制动器的闸轮与电动机 M_1 同轴，当电动机 M_6 高速转动时，闸瓦与闸轮完全分开，制动器处于完全松开状态。电动机 M_6 转速逐渐降低时，闸瓦逐渐抱紧闸轮，制动器产生的制动力矩逐渐增大。当电动机 M_6 停转时，闸瓦紧抱闸轮，使制动器处于完全制动状态。只要改变电动机 M_6 的转速，就可以改变闸瓦与闸轮的间隙，产生不同的制动力矩。

当中间继电器 KA 不工作时，常闭触点 KA-1 闭合，常开触点 KA-2 分开，鼠笼式电动机 M_6 与提升电动机 M_1 定子电路并联。当接触器 KM_3、KM_4 均不工作，切断电源时，电动机 M_1、M_6 同时断电停转。只要电动机 M_6 停止运转，制动器立即对提升电动机 M_1 进行制动，迅速刹车使提升吊件固定在某一位置不动。

为了安全起见，提升机构的控制电路中还接入起重机的钢丝绳脱槽和提升重物超重的保护开关。在正常情况下，它们是闭合的。一旦出现故障，相应保护开关断开，接触器 KM_1、KM_2 的线圈断电，主触点分开，切断电源，各台电动机停止运行，起到保护作用。

第五章　异步电动机

根据电磁原理，将电能转化为机械能的旋转机械，称为电动机。

电动机的种类很多，按取用电能的种类可分为直流电动机和交流电动机，直流电动机具有调速方便、启动转矩大等优点，然而由于它的构造复杂，使直流电动机应用受到了限制。交流电动机根据构造和工作原理的不同，分为同步电动机和异步电动机。同步电动机构造复杂、成本高、使用和维护困难，一般只在功率较大和要求转速恒定时采用。异步电动机又有鼠笼式和绕线式两种。此外，异步电动机还根据电源相数不同，有三相电动机和单相电动机。本章重点介绍异步电动机的基本知识点。

异步电动机具有构造简单、价格便宜、工作可靠、使用和维护方便等优点，因此在现代生产中是应用最广泛的一种电动机。

第一节　异步电动机的结构及工作原理

一、异步电动机的结构

异步电动机的结构可分为定子和转子两大部分，按各部件的作用，也可大致分为“机”“电”和“磁”三类部件。

机械部件：起支撑、紧固、防护、冷却等作用，如机座、端盖、轴及轴承、风扇等。

电的部件：用来导电、产生电磁感应的部分，如绕组（线圈）、接线盒、电刷、滑环等。

磁的部件：用来导磁的硅钢片铁芯，可分为定子铁芯及转子铁芯两部分。

鼠笼式异步电动机和绕线式异步电动机的定子部分是相同的，而转子的结构则明显不同。

定子是指异步电动机的静止部分，主要包括定子铁芯、定子绕组、机壳等部件。

定子铁芯是电机磁路的一部分，由硅钢片叠压而成，片间涂以绝缘漆，以减少涡流损耗。叠片的内圆冲有定子槽，用来放置定子绕组。

定子绕组是电机的定子电路部分，三相绕组在定子内圆圆周上依次相隔 120°电角度对称排列，构成三相对称相电路（空间角度=120°/P，P 为电机磁极对数）。根据电源电压情况，三相绕组可采用星形或三角形接法。每相绕组由许多线圈按一定规律连接而成，每个绕组的两个有效边分别放置在两个槽内。槽内有槽绝缘，双层绕组还有层间绝缘，槽口处用槽楔将导线压紧在槽内。

机座和端盖是电机的机械支撑部件，其作用是固定定子铁芯，并通过端盖轴承支撑转子，机座也是通风散热部件。为加强冷却效果，机壳外表面设有散热筋片，两侧端盖开通风孔。

转子是指电动机的旋转部分，它是由转子铁芯和转子绕组构成。转子铁芯固定在转子轴上，也是电机磁路的一部分。铁芯除有径向通风沟外，还有轴向通风孔。转子槽一般不与轴平行，而是扭斜一个角度，以便改善启动性能。转子绕组是指转子槽内的鼠笼条和两端的短路环，用铜或铝制成。转子绕组构成了转子的电路部分，如图5-1所示，其作用是产生感应电流和电磁转矩，以驱动转轴旋转。

图 5-1 鼠笼式转子绕组

绕线式异步电动机的转子包括转子铁芯和转子绕组。转子铁芯与鼠笼式电动机相似，但一般为直槽。转子绕组是用绝缘导线制成的线圈，嵌入转子铁芯槽中。转子绕组是和定子绕组相似的三相绕组，一般采用星形接法，三个引出线由轴的中心孔引至轴上的三个滑环。转子三相绕组可通过滑环、电刷，与外部电阻器连接，用来改善电动机的启动性能或调节转速，如图5-2所示。

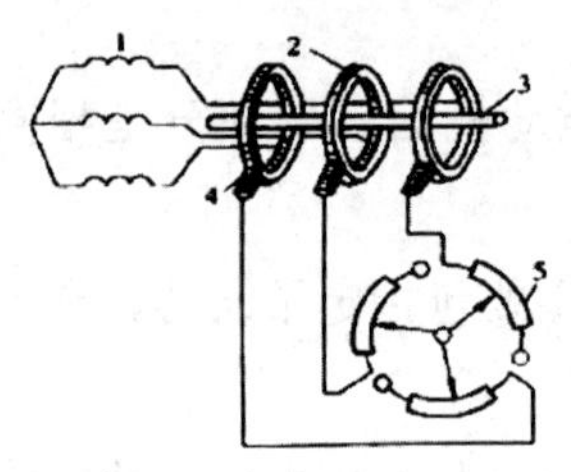

1—绕组；2—滑环；3—轴；
4—电刷；5—变阻器。

图 5-2 绕线式转子电路示意

二、三相异步电动机工作原理

图5-3（a）是一个产生两极旋转磁场的定子绕组连接示意图。三相绕组U1-U2、V1-V2、W1-W2在空间互差120°电角度，星形连接。图5-3（b）是三相绕组电路接线图。

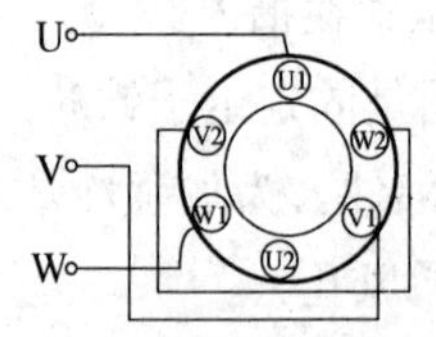

（a）定子绕组连接示意图

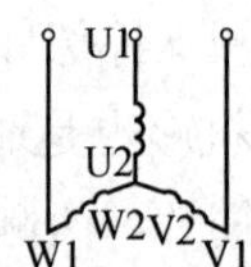

（b）定子绕组电路连接图

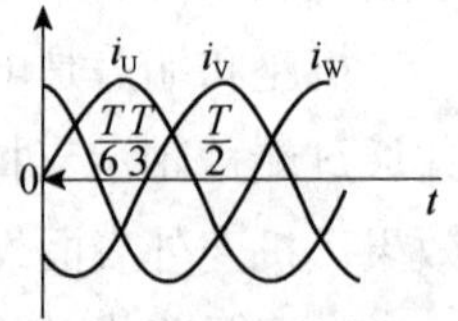

（c）三相交流电流波形图

图 5-3 定子三相绕组连接示意

通入绕组的三相交流电流的瞬时值如图 5-3（c）所示。相序

为 U、V、W，且 i_u 初相角为 0°，即有：

$$i_u=I_m\sin\omega t$$

$$i_v=I_m\sin(\omega t-120°)$$

$$i_w=I_m\sin(\omega t-240°)$$

对称三相电流通过对称三相绕组时，便产生旋转磁势。这个结论可由分析 t=0、T/6、T/3、T/2 不同瞬间三相电流所产生的合成磁场的情况得出。

（1）当 t=0 的瞬间 $i_u=0$，表示绕组 U_1−U_2 中电流为零，即无电流通过。

$i_v=I_m\sin(-240°)=-I_m\cdot\dfrac{\sqrt{3}}{2}$ 表示 V_1-V_2 中电流的大小为 $\dfrac{\sqrt{3}}{2}I_m$，电流的方向从 V_2 流入，V_1 流出。$i_w=I_m\sin(-240°)=\dfrac{\sqrt{3}}{2}I_m$，表示绕组 W_1-W_2 中电流的大小为 $\dfrac{\sqrt{3}}{2}I_m$，电流的方向是从 W_1 流入，W_2 流出。

将绕组的空间示意图画成断面图，如图 5-4（a）所示。符号“⊗”表示电流流入，符号“⊙”表示电流流出，用右手螺旋定则便可判断产生的磁势。一并画于图中，可见三相绕组流过三相电流产生的合成磁势为一对称的磁势，其轴线此时处在 U_1−U_2 线圈平面上。

（2）当 $t=T/6$ 时，$i_u=\dfrac{\sqrt{3}}{2}I_m$ 电流的方向是由 U_1 流入，U_2 流出；$i_v=-\dfrac{\sqrt{3}}{2}I_m$ 电流的方向仍是 V_2 流入，V_1 流出，$i_w=0$。此时合成磁场如图 5-4（b）所示。此时合成磁势的大小不变，但其轴线的位置在空间上按顺时针方向旋转 360°。

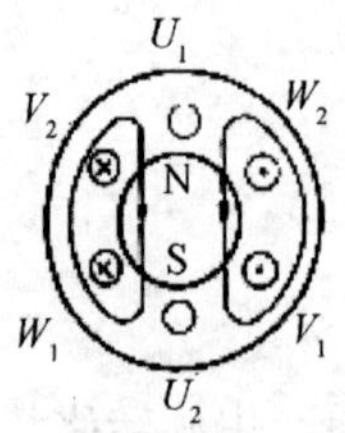

（a）T=0 时的定子合成磁场

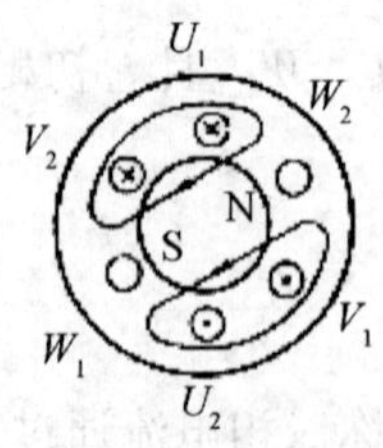

（b）t=T/6 时的定子合成磁场

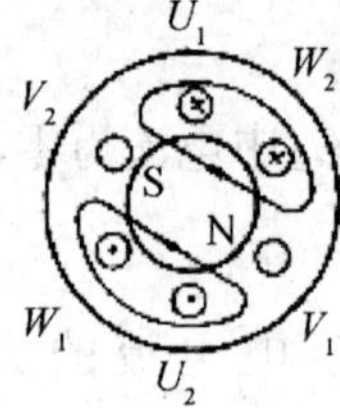

（c）t=T/3 时的定子合成磁场

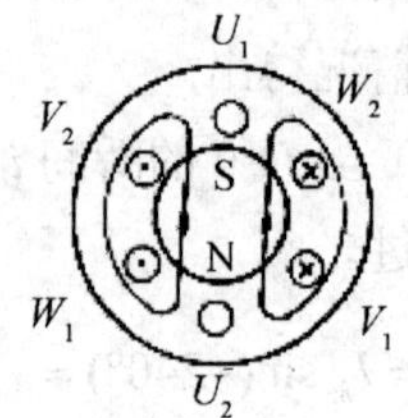

（d）t=T/2 时的定子合成磁场

图 5-4　旋转磁场产生

（3）当 t=T/3 时，$i_u=\frac{\sqrt{3}}{2}I_m$；$i_v=0$；$i_w=-\frac{\sqrt{3}}{2}I_m$。用上述方法分析三相合成磁势可知此时合成磁势大小不变，但位置又旋转360°。如图 5-4（c）所示。

（4）当$t=\frac{T}{2}$时，其合成磁场与 t=0 相比，旋转了 180°，如图 5-4（d）所示。

以上分析表明，三相合成磁势的大小并不随时间的变化而改变，但在空间上不断地旋转。旋转磁场转速 n_1 与绕组通入电流的频率 f，绕组的磁极对数 P 的关系为

$$n_1=60f/P$$

式中，n_1 ——旋转磁场的同步转速，r/min；

f——交流电频率，Hz；

P ——绕组的磁极对数。

旋转磁场的旋转方向取决于三相电流的相序，总有载有超前

相电流的绕组转向载有滞后相电流的绕组。

三、异步电动机的转动原理

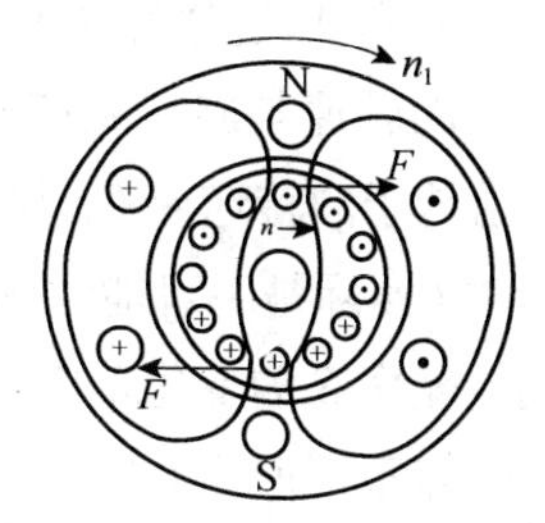

图 5-5　异步电动机工作原理

定子绕组通入三相交流电流时，三相合成磁势在电机铁芯内产生旋转磁场。如果磁场旋转的方向是顺时针方向，如图 5-5 所示，则静止的转子导体与磁场有相对运动，相当于磁场不动而转子向逆时针方向运动。定子磁场 N 极下的转子导体相当于向左做切割磁力线运动，产生感应电动势的方向用右手定则判断，为由纸面向外，用符号“⊙”表示。定子磁场 S 极下的转子导体相当于向右做切割磁力线运动，产生感应电动势的方向为垂直面向里，以符号“ ⊗ ”表示。所有鼠笼导体被短路的，线绕式转子导体也是闭合的，因此转子各导体内必有感应电流流过。鼠笼导体成为通电导体，在磁场中将受到电磁力 F 的作用，其方向用左手定则判断。定子磁场 N 极下的转子导体受力方向为顺时针方向，定子磁场 S 极下的转子导体受力方向为顺时针方向，所以转子将有顺时针方向的电磁力矩产生，使转子按顺时针方向旋转起来。

如改变通入定子绕组电流的顺序，必然改变了旋转磁场的转向，则转子的旋转方向也将随之而改变。利用这一原理，可以解决实际工作中的一些具体问题。

异步电机转子的速度 n 总是要低于旋转磁场转速 n_1，将两者之间的差值，即 Δn=（n_1-n）称为电机转差。转差也就是转子同旋转磁场之间，或者说是转子导体切割磁力线的转速。转差（n_1-n）

与旋转磁场的同步转速n_1的比值称为异步电动机转差率，以S表示。

$$S = \frac{n_1 - n}{n_1}$$

转差率 S 是分析异步电动机运转特性的一个重要数据。它表示转子的转速与旋转磁场转速的差异程度。当电机处于启动状态时，由转子的转速 n=0，所以此转差率 S=1。当转子转速等于同步转速时（实际是不可能达到的极限状态），则因为 n=n_1，所以 S=0。因此转差率 S 的变化范围是从 0 到 1。当电动机在额定负载下转动时，转差率一般为 0.02～0.06。

根据异步电动机转差率公式可以得到电动机的转速计算公式：

$$n = (1 - S)\ n_1 = \frac{60f}{p}(1 - S)$$

式中，f——交流电的频率；

p——电动机的磁极对数；

S——电机运行过程中的转差率。

第二节　异步电动机铭牌及技术参数

异步电动机的铭牌是指机座外壳上钉的一块铭牌，上面注明了这台电动机的一些必要的数据，我们必须按照它规定的数据来使用电动机。建筑工地流动性大，工作环境差，特别要注意保护好铭牌，防止损坏与丢失，给使用造成困难。

下面是三相电动机的铭牌示例：

××××	电机厂编号××××	
	三相异步电动机	
型号 Y160M-4	功率 15kW	频率 50Hz
电压 380V	电流 30.3A	接法 Δ
转速 1460r/min	温升 75°C	绝缘等级 E
护防等级 IP144	重量 50kg	工作方式 S_1
功率因数 0.88		
		出厂××××年×月

下面介绍三相异步电动机铭牌上面的额定值和技术参数。

1. 额定电压 U_N

额定电压表示电动机定子绕组规定使用的线电压，单位是V或kV。如铭牌上有两个电压值，则表示定子绕组在两种不同接法时的线电压。按国家标准规定，电动机额定电压等级分为220V、380V、3 000V、6 000V等。

2. 额定电流 I_N

额定电流表示电动机在额定电压及额定功率运行时，电源输入电动机的定子绕组中的线电流，单位为A。如果铭牌上标有两个电流值，则说明定子绕组在两种不同接法时的线电流。

3. 额定功率 P_N

额定功率表示电动机在额定状态下运行时，转轴上输出的机械功率，单位是W或kW。电动机的额定功率 P_N 应小于额定状态下输入的电功率，这是因为电动机有功率损耗所致。

4. 额定转速 n_N

电动机在额定电压、额定频率和额定功率下工作时转轴的转速，叫作额定转速。拖动大小不同的负载时，转速也不同。一般空载转速略高于额定转速，过载时转速会低于额定转速。单位为r/min。

5. 定额

定额也称为工作方式或运行方式，按运行持续时间的长短，分为连续、短时和断续三种基本工作制，是选择电动机的重要依据。

1）连续工作制，其代号为 S_1，是指电动机在铭牌规定的额定值条件下，能够长时间连续运行，适用于水泵、鼓风机等恒定负载设备。

2）短时工作制，其代号为 S_2，是指在电动机铭牌上规定的额定值条件下，能在限定的时间内短时运行。规定的标准持续时间额有 10min、30min、60min、90min 四种。

3）断续工作制，其代号为 S_3，是指在电动机铭牌上规定的额定值条件下，只能断续周期性地运行。一个工作周期为电动机恒定负载运行时间加停歇时间，规定为 10min，负载持续率规定的标准有 15%、25%、40%、60%四种。

6. 接法

指电动机在额定电压下定子三相绕组的连接方法。若铭牌标△，额定电压标 380V，表明电动机电源电压为 380V 时应接成△形。若电压标 380/220V，接法标 Y/△，表明电源线电压为 380V 时应接成 Y 形；电源线电压为 220V 时应接成△形。电动机定子绕组接线如图 5-6 所示。

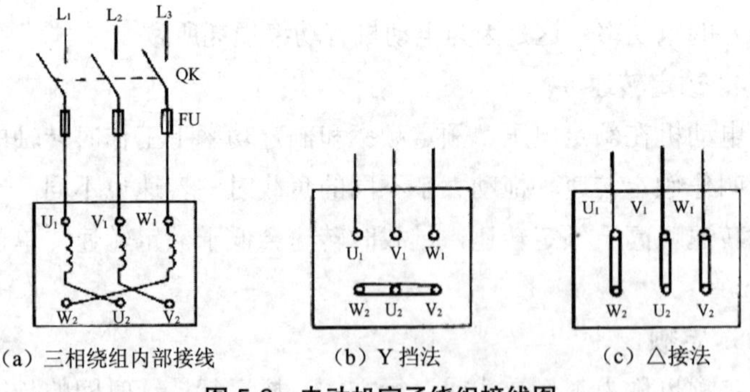

（a）三相绕组内部接线　（b）Y 挡法　（c）△接法

图 5-6　电动机定子绕组接线图

在电动机机座上的接线盒内，有各相绕组首、末端的接线柱，供三相绕组内部连接使用。按国家标准规定，Y 系列电动机接线盒内接线端子的标志是：“U”表示第一相绕组，“V”表示第二相绕组；“W”表示第三相绕组；“1”表示绕组首端，“2”表示绕组末端。

7. 额定频率

额定频率是指接入电动机的交流电源的频率，单位是 Hz。我国电力系统的频率是 50Hz，使用的电动机也都是 50Hz 的。

8. 绝缘等级与温升

绝缘等级表示电动机所用绝缘材料的耐热等级。利用电阻法测量各级绝缘电动机的允许温升：A 级绝缘允许极限温度为 105℃，允许温升 60℃；E 级绝缘的允许极限温度为 120℃，允许温升 75℃；B 级绝缘的允许极限温度为 130℃，允许温升 80℃；F 级绝缘的允许极限温度为 155℃，允许温升 100℃；H 级绝缘的允许极限温度为 180℃，允许温升 125℃；C 级绝缘允许极限温度为 180℃以上，允许温升 125℃。上述温升是指绕组的工作温度与环境温度（一般指室温为 35℃，有些国产电机规定为 40℃）之差值，单位是℃。电机工作温度的极限值主要取决于绝缘材料的耐热性能，工作温度超过允许值，会使绝缘材料老化，使电动机的寿命缩短，甚至烧毁。电动机运行时的温升，可用电阻法按下式计算：

$$\theta = \frac{R_2 - R_1}{R_1}(K + t_1) + (t_2 - t_1)$$

式中，R_2——电动机绕组在额定负载下测定的直流电阻值；

R_1——电动机绕组在没有运转冷态时测定的直流电阻值；

t_2——额定负载时的环境温度；

t_1——测定 R_1 时的环境温度；

K——铜绕组 235、铝绕组 228。

9. 型号

三相异步电动机的产品型号，由汉语拼音字母和数字组合而成，一般有四部分，它表达的意义如下：

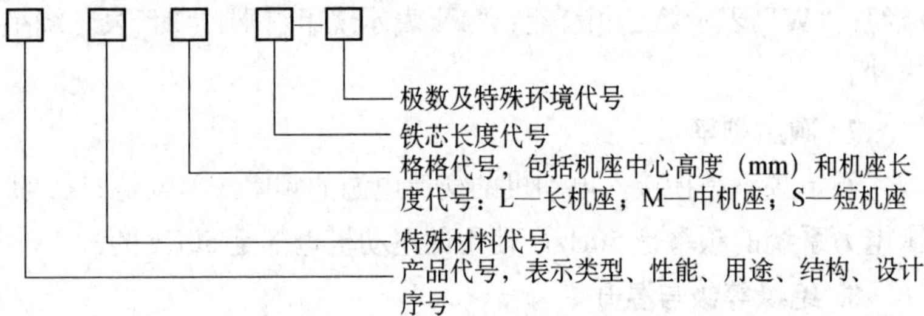

Y 系列电动机是我国 1982 年统一设计的更新产品，具有效率高、启动转矩大、噪声低、振动小，防护性能好、安全可靠、外形美观等优点，各种参数符合国际电工委员会（IEC）标准。

10. 启动转矩与启动能力

电动机加上额定电压启动（转速为零）时的电磁转矩称为启动转矩。

启动转矩 M_Q 与额定转矩 M_N 之比称为启动转矩倍数，即启动转矩倍数=M_Q/M_N，是异步电动机性能的重要指标。启动转矩越大，电动机加速度越大，启动过程越短，带重负载启动能力也越大，这些都说明启动性能好。反之，若启动转矩太小，会使启动困难，甚至启动不起来，更不能重载启动。而且因启动时间长，还会引起电动机绕组易过热。所以，国家规定电动机的启动转矩不能小于一定的范围，一般异步电动机的启动转矩倍数多为 1.2～2。

11. 最大转矩与过载能力

电动机从启动后，随着转速 n 的变化（或转差率 S 的改变）电磁转矩是不断变化的，有一个最大值，称为最大转矩或临界转矩，用 M_{max} 表示。

最大转矩是衡量电动机短时过载能力的一个重要技术指标。最大转矩越大，电动机承受机械荷载冲击的能力也越大。电动机在带负载运行中，若发生了短时过载现象，致使电动机的最大转矩小于负载时的负载转矩时，电动机便会停转，即所谓“闷车”现象。最大转矩一般也用它与额定转矩的倍数来表示。最大转矩与额定转矩 M_N 的比值，还称为异步电动机的过载能力用 λ 表示，即

$$\lambda = \frac{M_{\max}}{M_N}$$

电动机的过载能力，一般在 1.8～3 范围之内。

12. 额定转矩

额定转矩 M_N 是指电动机在额定工作状态下，轴上允许输出的转矩值，电动机的额定转矩可根据电动机的额定功率和额定转速用下式求得

$$M_N = \frac{1\,000 P_N \times 60}{2\pi n_N} = 9\,550 \frac{P_N}{n_N}$$

式中，M_N——电动机的额定转矩，N • m；

P_N——电动机的额定功率，kW；

n_N——电动机的额定转速，r/min。

13. 功率因数

三相异步电动机的功率因数是衡量在异步电动机输入的视在功率中，能转换为机械功率的有功功率所占比重的大小，其值为输入的有功功率 P 与视在功率 S 之比，用 $\cos\phi$ 来表示，即

$$\cos\phi = \frac{P_1}{S} = \frac{P_1}{\sqrt{3} U_1 I_1}$$

式中，U_1——电动机的线电压，V；

I_1——电动机的线电流，A；

ϕ——电压与电流之间的相位角。

电动机功率因数的高低，会直接影响电力系统功率因数的高低，进而影响电气设备的利用率。一般异步电动机在额定状态下功率因数为 0.7～0.93，容量大的电机功率因数高些；容量小、转速低的电动机功率因数低些。空载运行时功率因数很低，一般不超过 0.2。这是因为异步电动机旋转的气隙磁场主磁路中有气隙段，气隙的磁阻比较大，又因定子的三相绕组是分布绕组，漏磁场也较大。建立气隙磁场和漏磁场的磁化电流，是感性的无功电流。空载运行的异步电动机，由于转速接近于同步转速，转子电流接近于零，定子侧电流基本上是纯感性的磁化电流（励磁电流），故功率因数很低。随着负载的增加，电动机的转速降低，转差率变大，转子电流增加。产生电磁转矩的转子电流是有功性质的电流，转子电流增加时必定会引起定子电流相应的增加。所以，电动机负载增加时定子电路中因有功分量电流的增加会使功率因数提高。

14. 效率

电动机从电源吸取的有功功率，称为电动机的输入功率，用 P_1 表示。而电动机转轴上输出的机械功率，称为输出功率，用 P_2 表示。输出功率 P_2 与输入功率 P_1 的比值，称为效率，用 η 表示，即

$$\eta = \frac{P_2}{P_1}$$

输出功率总是小于输入功率的，这是因为电动机运行时，内部总有一定的功率损耗。这些损耗包括铜损、铁损及其他损耗。按能量守恒定则，输入功率等于损耗功率与输出功率之和，因此，输出功率总是小于输入功率。

电动机在额定状态下的效率称为额定效率 η_N，它是额定的输出功率与输入功率的比值，即

$$\eta_N = \frac{P_N}{P_{1N}}$$

一般异步电动机在额定负载下其效率为 75%～92%。异步电动机的效率也是随着负载的大小而变化。空载时效率为零，负载越大，效率也越高，当负载在额定负载的 0.7～1 范围内，效率最高，运行最经济。

15. 启动电流

电动机转速为零（静止）加上额定电压时的线电流，称为启动电流。异步电动机直接启动时，其启动电流很大，可达到额定电流的 5～7 倍。启动电流也是异步电动机启动性能的重要指标。

启动电流大，对电动机本身和电网都有影响。首先是使电网电压瞬间下降。其次是过大的启动电流，将使电动机和线路上的电能损耗增加。所以，对于在启动时会使供电线路电压下降超过一定程度的电动机，应限制其启动电流。

第三节　异步电动机启动、调速、制动及保护

一、异步电动机的启动

将电动机定子绕组接入三相电源，如果此时启动转矩大于电动机转轴上的反抗力矩，则电动机开始转动，电动机由静止开始转动到转速恒定这一过程称为启动。启动时间根据电动机容量大小和所带负载轻重一般约几分之一秒或数秒。电动机刚启动时，n=0，S=1，电机启动时转子电流很大，而转子电流是电路电流通过电磁感应转换来的。故转子电流大则定子电流也大。异步电动机启动时定子绕组的电流为定子额定电流的 4～7 倍。这个电流就

是启动电流。

异步电动机的启动电流较大，过大的启动电流会在供电线路上造成较大的电压损失，使电动机及其他负载端电压在启动短时间内明显下降，使电动机的启动转矩减少，甚至不能启动同一线路上其他用电设备。因此有必要根据电动机容量大小不同，选择合适启动方式。异步电动机的启动方式分为直接启动和降压启动两大类。

1. 直接启动

直接启动也叫全压启动，是在定子绕组上直接施加额定电压而启动电动机的。其优点是启动设备简单，操作便利。电动机能否采用直接启动方法可按下列原则确定。

（1）电动机采取全压启动，如由发电机供电时，允许直接启动电动机的容量不超过发电机容量的 10%；由专用变压器供电的电动机，其单台容量不应超过变压器容量的 30%；若配电变压器供电的电动机，则允许直接启动电动机的容量要比变压器容量的 30%还要小些。

（2）启动时电动机端子的剩余电压，对于经常启动的电动机不应低于额定电压的 90%；对不经常启动的电动机不应低于额定电压的 85%；电动机不与照明或其他对电压波动敏感的负载合用变压器，且不频繁启动时，允许剩余电压不低于额定电压的 80%。

（3）电动机启动时，在同一电力网引起的电压偏差、波动应不大于正常电压的 15%，经常启动的要求不大于 10%。

（4）在启动过程中，电动机的绕组温升不应超过允许值。

电动机在启动过程中，由于有较大的启动电流通过绕组，致使温度升高，严重时有可能烧毁绕组。电动机温升超过允许值时，机械强度和绝缘强度都将迅速降低，使其寿命大为缩短。所以，电动机温升必须严格控制。

在实用中决定电动机能否直接启动常用下式判断：

$$\frac{I_Q}{I_N} \leqslant \frac{3}{4} + \frac{S_N}{4P_e}$$

式中，I_Q/I_N——启动倍数；

S_N——车间变压器容量，kVA；

P_e——电动机额定功率，kW。

如能满足上式要求，则可直接启动，否则采用降压启动。

2. 降压启动

降压启动是在电动机启动时，用降压设备将电压适当降低后再加在定子绕组上，待电动机转速恒定后，再恢复额定电压。这种启动方式虽能减小启动电流，但由于电磁转矩与电压的平方成正比，因而启动转矩明显下降，仅适用于轻载或空载运动。常用降压启动方式有以下几种：

（1）自耦变压器降压启动：启动时将电源接至自耦变压器高压侧，电动机接自耦变压器的低压侧（低压侧通常有 2 个或 3 个抽头供选用）。在启动时，先将电源电压降低，然后加给定子绕组。使电动机在较低的电压下启动，当电动机运转以后，又将自耦变压器切除，使电动机的定子绕组加上额定工作电压，如图 5-7 所示。

启动时合上开关 S_2，再把 S_1 置于“闭合”位置，这样加在电动机是经过启动补偿器（自耦变压器）降低了的电压，从而减少了启动电流。当电动机的转速接近稳定转速时，闭合 S_3 再将 S_1 置于断开位置，启动补偿器从电路中切除，使电动机在额定电压下工作。

启动补偿器一般有三个抽头，在启动时能加在电动机上的电压分别降低为外加电压的 80%、60%、40%，这样可以根据具体情况所选择。它能将启动电流减少为直接启动电流的 K^2 倍，K 为把电压降低到额定电压的百分数，无论电机是“Y”接还是“△”接法，均可用此方法启动。

（2）星—三角降压启动：仅适用于运行时为三角形接线的鼠笼式电动机。启动时将定子绕组改为星形，使相绕组电压减至 $U_N/\sqrt{3}$，启动后当转速接近额定转速时再将定子绕组改为三角形接法运行。启动电流和启动力矩均减至直接启动的 1/3。接线方式的改变可通过专用的切换开关（星—三角启动器）来实现。主电路原理说明图如图 5-8 所示。

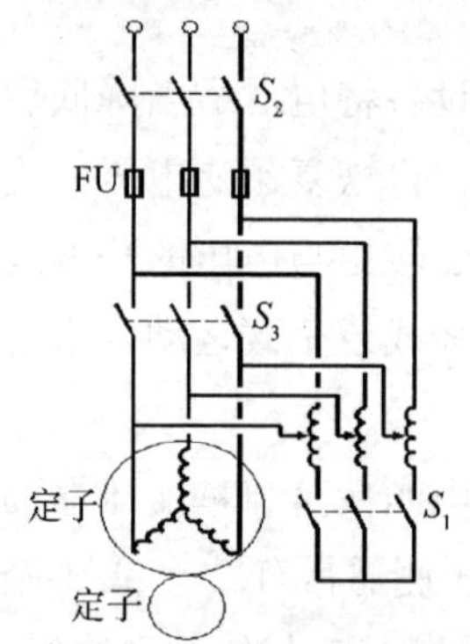

图 5-7　自耦变压器降压启动原理说明图

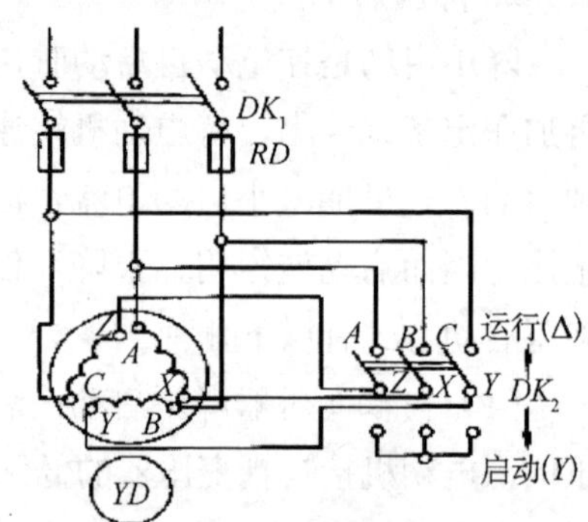

图 5-8　星—三角启动的主电路原理说明图

（3）延边三角形启动：仅适用于相绕组有中间抽头、正常运行为三角接线的鼠笼式电动机。启动时每相一部分绕组仍为三角形接法，另一部分绕组串接在三角形的延边上为星接接法，故称为延边三角形。启动后当转速接近额定转速时，再改为全三角形接法后运行。此法实为部分绕组的星—三角变换，故启动电流和启动力矩下降程度介于三角形接法直接启动和星—三角降压启动之间。

3. 绕线式异步电动机启动

绕线式电动机的启动是在转子电路中接入变阻器或频敏变阻

器或液体电阻启动器来启动。

启动时，先将启动变阻器全部电阻接入转子电路中，随着电机转速的不断上升，逐步减少启动变阻器的电阻，到启动完毕时，启动变阻器全部电阻从电路中被切除，转子上的三个滑环被短接，此时，电动机的工作与鼠笼式电动机就无差别了。

频敏电阻器就是一组电感器，对频率高的电压阻抗大，频率低的电压阻抗小。绕线式电机刚启动时，转子尚未转动，定子绕组产生的旋转磁场高速旋转，转子绕组相对高速切割磁场，产生高频率、幅度也很高的感应电压，转子回路的频敏电阻器呈现高阻抗，降低启动电流；转子旋转起来以后，随着转差率的降低，转子绕组切割磁场的相对速度降低，转子感应电压频率及幅度亦降低；频敏电阻器呈现低阻抗；启动完成后，将转子绕组短接，频敏电阻器退出。电机转入正常运转。

采用这种启动方法的优点：

（1）启动电流小，因启动时转子电路中串入了电阻，使转子导体中的电流减小，因而定子中电流也随之减少。

（2）启动转矩大，感应电动机的电磁转矩为

$$M = C\phi I_2 \cos\phi_2$$

启动时，由于转子电路中串入了电阻，转子电流 I_2 减少了，但 $\cos\phi_2$ 增大了，而且 $\cos\phi_2$ 增大的程度比 I_2 减少程度要大，故总的来说启动转矩增加了。绕线式电动机除具有上述优点外，还可以调节电机的转速，所以绕线式电动机可用来拖动起重机械。

二、三相异步电动机调速

为了满足生产过程中的需要，引用人为的方法，改变电动机的机械特性，使在同一负载下获得不同的转速，这就是电动机的

调速。

根据异步电动机转速计算公式：

$$n = n_1(1-S) = \frac{60 \cdot f}{p}(1-S)$$

由上式可知，改变电动机的转速有三种方法，即改变交流电源的频率 f、改变绕组的极对数 p，以及电动机的转差率 S。

目前我国交流电的频率为 50Hz，变频调速有专门的变频设备。这种设备复杂，价格也昂贵，因此在建筑施工现场极少使用。改变转差率 S 的调速方法有多种，如调定子电压调速、转子串接电阻调速、电磁转差离合器调速、串极调速、双馈调速、斩波式内反馈调速等。施工设备绕线式异步电动机多采用转子串接电阻调速。由于篇幅限制，下面仅就变极调速（只适用鼠笼式异步电动机）原理作一简单介绍。

因为旋转磁场的转速 $n_1 = \frac{60 \cdot f}{p}$。当电源的电流频率不变时，若改变定子旋转磁场的磁极对数，便可以改变定子旋转磁场的转速，从而改变转子的转速。电机的磁极对数 p 与定子绕组的结构有关，如图 5-9 所示就是改变电机极数的原理。若将每相绕组中两组线圈 AX 与 AX'，串联如图 5-9（a）就能产生四极磁极（p=2）。若将两组线圈 AX 与 AX'改成并连接如图 5-9（b）就是能产生两极磁场（p=1），这样电动机就可以得到 1∶2 的两个转速。

这种专门制造的电机就可以得到几种不同的转速又称为多级电机。由于磁极对数只能成对改变，所以这种调速只能按整数改变，所以这种调速只能是分级调速。例如常用的双速电动机，就是通过改变定子绕组的联结方式来改变极对数来改变转速的。双速电动机定子绕组的联结方法如图 5-10 所示。

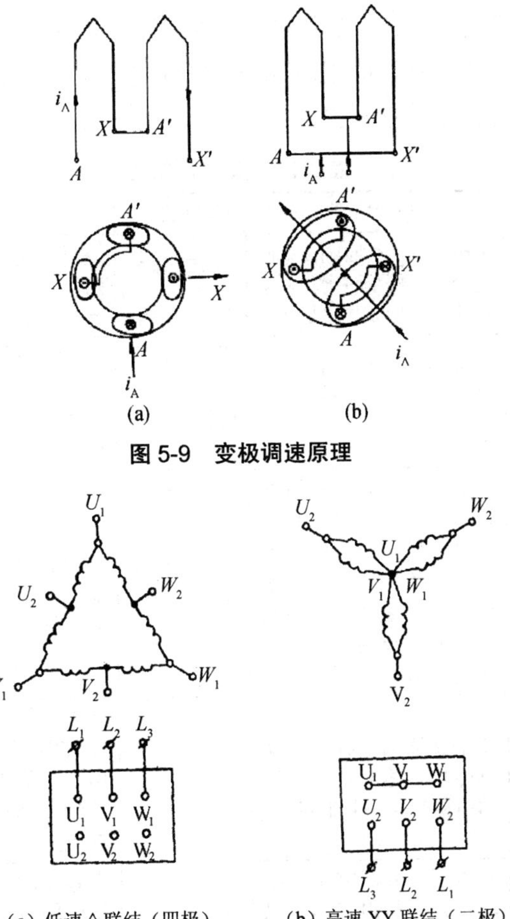

图 5-9　变极调速原理

（a）低速△联结（四极）　（b）高速 YY 联结（二极）

图 5-10　双速电动机定子绕组接线

三、三相异步电动机的制动

正在运行的电动机，断开电源后，由于转子本身惯性的作用，要经过一段时间才能停转。在某些生产机械上，为了提高生产效率，或从安全角度考虑，或从生产机械工作特点要求需要电动机准确及时停转。为此，必须对电动机实行制动控制。

三相异步电动机的制动可分为机械制动和电气制动两大类，其制动原理及用途见表 5-1。

表 5-1　电动机的制动

制动方法		制动原理	制动设备	用途
机械制动		电机启动运行时闸瓦和闸轮分开，停车时闸瓦紧紧抱住闸轮形成摩擦制动	电磁抱闸装置	制动时冲击较大，制动可靠，一般用于起重、卷扬设备
电气制动	反接制动	改变电源相序，电动机产生反向的电磁转矩，起制动作用	手控倒顺开关及接触器、继电器等	制动方法简单可靠。振动冲击力较大，用于小于 4kW 以下，启动不太频繁的场合
	能耗制动	电源断开后，立即在两相定子绕组中接入直流电源，使定子绕组中产生一个恒定磁场。转子切割这个磁场。产生与原转向相反的转矩，起制动作用	直流电源装置	制动准确可靠，电能消耗在转子电路中，对电网无冲击作用，应用较为广泛
	发电制动	转子转速大于异步电动机磁场转速时产生反向的电磁转矩进行制动		必须使转子转速大于磁场转速才能起制动作用。一般用于起重机械重物下降和变极调速电动机上
	电容制动	断电后，立即将定子绕组接入三相电容器，以其产生的电流自激建立磁场，并与转子的感应电流作用，产生一个与旋转方向相反的制动力矩	三相电阻及电容器	电容制动对高速、低速运转的电动机均能迅速制动，能量损耗小，设备简单，一般用于 10kW 以下的小容量电动机，适用于制动频繁的场合

四、三相异步电动机保护

为了防止电动机发生故障而损坏，一般实行以下几种电气保护措施。

1. 短路保护

为使电动机在发生短路故障时不致造成电动机及其他电气设备损坏，要求对电动机装设能自动地、迅速地、有选择地从电源上切断的短路保护装置。对于500V以下的低压电动机，一般可采用熔丝或低压断路器的电磁瞬时脱扣器做短路保护。

保护装置的选择，应根据电动机容量、启动方法等予以确定。通常情况下，功率不超过 15kW 的轻载直接启动的电动机，可采用熔断器保护；15kW以上且重载启动的电动机可选用低压断路器予以保护，利用电磁线圈通过电流产生的吸合力，驱动联动轴，断开电源接头，切除短路故障，达到保护目的。每台电动机宜单独装设短路保护，但符合下列条件之一时，数台电动机可共用一套短路保护电器：

（1）计算总电流不超过20A且允许无选择切断的不重要负载。

（2）工艺上密切相关的一组电动机，且允许同时启、停。

2. 过载（过负荷）保护

如果电动机在运行中实际输出的功率或实际的载流量超过其额定电流或额定功率，称为过负荷。过负荷对电器的最大危害是载流元件发热升温，为防止电动机过负荷运行，应装设过负荷保护装置。

以下几种情况电动机应装设过负荷保护：

（1）容易过载的。

（2）由于启动或自启动条件差而可能启动失败或需要限制启动时间的。

（3）功率在30kW及以上的。

（4）长时间运行且无人监视的。

过负荷保护一般采用热继电器或电动机保护用低压断路器的

热脱扣器，其动作电流宜按电动机额定电流选择。当电动机过负荷 20%时，热继电器应在 20min 内动作，切断电源。采用热继电器作电动机过载保护时，其热元件额定电流应大于电动机额定电流，一般为额定电流的 1.1～1.25 倍；热元件整定电流应等于被保护电动机的额定电流。

3. 断相运行保护

当三相异步电动机的电源断去一相时，电动机将无法启动，并发出“嗡嗡”声，转子发生摆动，断相的那一相电流表无指示，其余两相的电流表指示升高。若运行中的三相异步电动机发生断相时，虽能继续运行，但转速明显降低。两相运行的电动机因电流过大，并产生附加损耗，还会使电动机过热甚至烧毁绕组，所以不允许电动机长时间断相运行。为了防止电动机断相运行而应在线路中设置专用保护称为断相保护。当电动机发生断相运行时，由断相保护装置动作而使电动机退出运行。电动机断相保护的方法和装置很多，常用的有：采用常断相保护装置的热继电器做缺相保护；欠电流继电器断相保护；零序电压继电器断相保护；熔丝电压继电器断相保护；利用速饱和电流互感器的断相保护。

4. 失压、欠压保护

为了防止电动机在过低电压下启动和运行，以及电动机在运行中突然断电后又恢复供电时的自启动，而装设的保护装置（交流接触器）称为低电压保护或失压保护。

功率在 30kW 及以上的电动机上应装置低压保护装置。常用的装置包括：低压断路器的欠电压脱扣器或接触器的吸引线圈配合自锁触点来完成。

第四节　电动机的运行与维护

一、作业前的检查和启动

（1）电动机的集电环与电刷的接触面不得小于 75%。电刷高度磨损超过原标准高度 2/3 时应更新。

（2）检查电动机线圈的绝缘电阻，不得低于 0.5MΩ。

（3）转子转动应灵活无卡塞。

二、运行中的安全注意事项

（1）运行中电动机应无异响、无漏电、轴承温度正常，电刷与滑环接触良好。

（2）电动机的温升不得超过表 5-2 的规定。

表 5-2　三相异步电动机的温升极限

绝缘等级	A	E	B	F	H
最大允许温升/℃（温度计法）	55	65	70	85	106
最大允许温升/℃（电阻法）	60	75	80	100	125

（3）电动机械如在工作中遇停电时，应立即切断电源，把启动开关放到停止位置，也可加装失压保护装置或环节。

（4）电动机不得在正常运行中突然进行反向运转。

（5）运行中故障处理：

1）电动机在运行中，如发现下列情况之一，应立即切断电源，对电动机进行详细的检查，排除故障后方可投入运行。

① 运行中发生人身事故。

② 电动机或启动装置冒烟起火。

③ 电动机发出异响、严重过热，同时转速急剧下降。

④ 电动机所拖动的机械发生故障。

⑤ 设备的传动机构损坏（如断轴、断皮带等）。

⑥ 电动机轴承严重过热。

⑦ 电动机绕组电流超过允许值，或运行中电流猛增。

⑧ 运行中发生剧烈振动。

2）在电动机发生事故停车后，可根据故障的情况，针对性地检查下列项目：

① 检查电源三相电压是否正常。

② 检查控制开关和启动设备是否正常、熔断器是否一相熔断或接触不良。

③ 检查电动机所拖动的机械是否正常，有无卡阻现象、轴承是否损坏、缺油。

④ 检查从电源到电动机定子绕组的回路是否有开关触头接触不良、导线断线、熔断器一相熔断等造成电动机断相运行的故障，将会使电动机绕组烧毁。其主要原因如下：

电动机定子回路一相断线时，将在电动机气隙中形成两个大小相等方向相反的旋转磁场（正序和负序旋转磁场），它们对不动的转子产生的电磁转矩等值反向，故电动机将不能启动，只听到“嗡嗡”的响声且电流很大，因而很快就会烧毁绕组。如运行中的电动机发生定子回路一相断线，负序磁场将以大约两倍的同步转速切割转子，一方面在转子铁芯中感生倍频涡流，使转子发热增加；另一方面对转子轴产生制动力矩而使转子转速下降，负序旋转磁场切割转子导体的次数增多，使转子导体内的感应电流增大，定子电流也要随之相应增大。另外，原来由三相绕组负担的机械负载转矩，这时要由未断线的两相绕组的电磁转矩来平衡。于是在电动机的机械负载不变的情况下，定子电流将更为增大。带负载的电动机在这种状态下运行，不久就会烧毁，这对电动机的安全威胁极大。

为防止电动机因断相运行故障而烧毁，应采取如下措施：

（a）电动机应装有过流保护装置（如装设热继电器、复式脱扣器、反时限电流继电器）或专用断相保护装置。这些保护装置应该能在电动机发生断相运行时可靠地动作，自动地断开电源。

（b）在安装和维修工作中，要重视定子回路中触头和接线端子的连接质量。从刀开关、熔断器（或断路器）、接触器、电缆头到接线盒的所有连接处都应接触可靠，尤其要注意熔断器的连接质量，以防定子回路一相断线。

⑤ 打开电动机端盖，检查定子绕组有无焦痕、转子有无断条或断线。

⑥ 测量绝缘电阻。

三、停机时的安全注意事项

（1）电动机停止运行前应首先将载荷降至最小，然后切断电源，启动开关拨到停止位置。变速电动机停止运行时，应先将转速逐级降到最低，然后切断电源。

（2）在沿海和潮湿地区施工时，电动机停用后必须采取防潮措施。

专业技术篇

第六章　施工现场常用电气安全用具

在电工作业中，无论是带电作业还是停电作业，都需要使用绝缘和防护安全用具。

电气安全用具按绝缘性能、使用条件与防护作用，可以分为基本安全用具、辅助安全用具、防护安全用具三类。

基本安全用具是绝缘强度能长期承受工作电压和内过电压的安全用具；

辅助安全用具的绝缘强度不能承受电气设备或线路的工作电压，只能加强基本安全用具的保护作用；

防护安全用具不是绝缘用具，只起防护作用的一类安全用具。

为此，基本安全用具的绝缘能力按设备运行电压设计制造，且通常外形尺寸较长，确保操作者与带电体间有足够的安全距离；辅助安全用具的绝缘能力不足以较长时间触及设备运行电压，且其外形尺寸较短，不能保证操作者与带电体间有足够的安全距离；防护安全用具是按防护要求而设计的。

辅助安全用具除辅助基本安全用具完成高压操作任务外，还可以用于防止一般电气事故中产生接触电压和跨步电压对操作者造成的危险。

第一节　基本安全用具的使用

基本安全用具有绝缘棒、绝缘隔板、绝缘罩、绝缘夹钳、验电器、核相器电阻管、绝缘绳等。下面主要介绍绝缘棒、验电器、绝缘夹钳和绝缘隔板。

一、绝缘棒

绝缘棒俗称令克棒，可以用来操作未装杠杆传动的隔离开关、跌落式熔断器，投入或切断电气设备、测量或核对相位等。绝缘棒是以绝缘材料制成，由 4 部分组成，如图 6-1 所示。

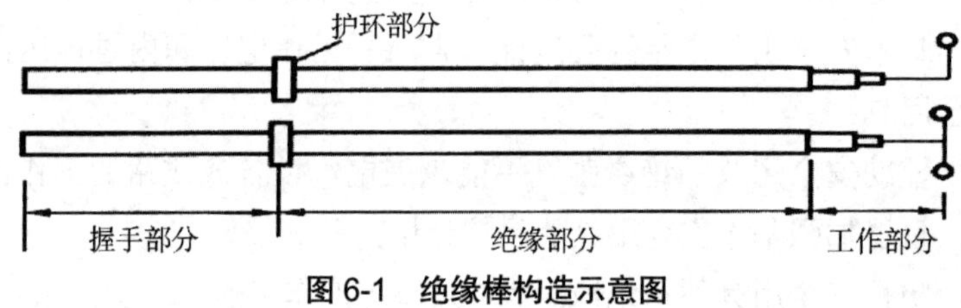

图 6-1　绝缘棒构造示意图

（1）工作部分。根据不同操作目的，可采用金属制成各种形状的针、钩、环、叉等。其长度在满足工作需要的情况下，应尽量缩短，一般为 5～8cm，避免由于过长而在操作时造成相间短路或接地短路。

（2）绝缘部分。它是用耐压强度高、吸湿性小、加工容易的环氧树脂玻璃丝等材料制成。

（3）握手部分。采用与绝缘部分相同的材料制成。

绝缘和握手部分由护环隔开，由环氧玻璃布管制成，其长度的最小尺寸，根据电压等级使用场所的不同而确定，一般如表 6-1 所示，其中绝缘部分的长度，不包括与金属部分镶接的那一段长度。

表 6-1　绝缘棒各部分的最小长度　　单位：m

电气设备的额定电压	户内使用		户外使用	
	绝缘部分	握手部分	绝缘部分	握手部分
10kV 及以下	0.70	0.30	1.10	0.40
35kV 及以下	1.10	0.40	1.40	0.60

（4）护环部分。采用绝缘板材或聚氯乙烯、电木粉压制成环状，其直径必须大于握柄 20～30mm。

绝缘棒使用注意事项：

1）绝缘棒应定期进行试验，使用前应先检查是否超过有效试验期，检查绝缘棒的表面是否完好，各部分的连接是否可靠。

2）操作前，棒表面用清洁的干布擦拭干净，使棒表面干燥、清洁。

3）绝缘棒的规格必须符合被操作设备的电压等级，切不可任意取用。

4）为防止绝缘受潮而产生较大的泄漏电流，危及操作人员的安全，在使用绝缘棒拉开隔离开关时，均应戴绝缘手套。

5）操作者的手握位置不得超过护环。

6）雨天使用绝缘棒时，应在绝缘部分安装一定数量的防雨罩，以便阻断顺着绝缘棒流下的雨水，使其不致形成连续的水流柱，从而大大降低湿闪电压。同时可保持一定的干燥表面，保证湿闪电压合格。使用时人体应与带电设备保持安全距离，并注意防止绝缘杆被人体或设备短接，以保持有效的绝缘长度。另外，雨天使用绝缘棒操作室外高压设备时，还应穿绝缘靴。

7）当接地网接地电阻不符合要求时，晴天操作也应穿绝缘靴，以防止接触电压、跨步电压的伤害。

8）绝缘棒应统一编号，存放在特制的木架上。为防止其弯曲，最好垂直悬挂在专用挂架上。

二、验电器

验电器分为高压、低压两类，主要用途是检查电气设备或线路是否带有电压，高压验电器还可用于测定高频电场的存在与否。

1. 高压验电器

高压验电器是作为高压设备、导线验电的一种专用安全器具，在装设接地线前必须用高压验电器进行验电以确认无电。

（1）高压验电器的结构、原理。高压验电器由指示、绝缘和握把 3 部分组成，如图 6-2 所示。

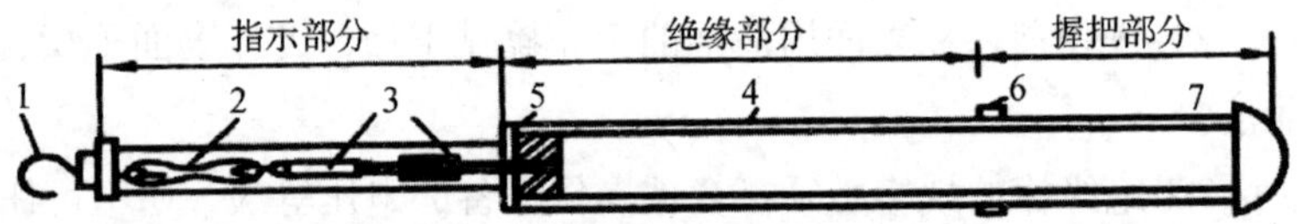

1—工作触头；2—氖灯；3—电容器；4—绝缘筒；5—按地螺丝；6—隔离护环；7—握把。

图 6-2　高压验电器结构

指示部分包括金属接触电极和指示器；绝缘部分和握把部分一般用环氧玻璃布管制成，其间装有明显的标志或装设护环，两者的最小长度见表 6-2。

表 6-2　高压验电器的最小长度

电压等级/kV	10	35	110
最小有效绝缘长度/m	0.7	0.9	1.3
握把部分最小长度/m	0.12	0.15	0.3

目前常用的高压验电器主要有声光型和回转带声光型两种。声光型验电器的特点是当验电器的金属电极接触带电体时，验电

器流过的电容电流，会发出声、光报警信号；回转带声光型验电器的特点是利用带电导体尖端放电产生的电风来驱使指示器叶片旋转，同时发出声、光信号，用来检测设备是否带电。

（2）高压验电器的使用注意事项：

1）验电器应定期进行试验，使用前应先检查验电器的工作电压与被测设备的额定电压是否相符，是否超过有效试验期，绝缘部分有无污垢、损伤、裂纹，绝缘管体有无破损、裂纹，金属触点是否正常，氖气管的玻璃罩是否完好，各段连接部件是否完整紧固等，如有异常应修复并试验合格后方可使用。

2）利用验电器的自检装置，检查验电器的指示器叶片是否旋转以及声、光信号是否正常。

3）验电时，工作人员必须戴绝缘手套，并且必须握在握把部分，不得超过护环。

4）在停电设备上验电前和验电后，应在有电设备上验电，验证验电器功能是否正常。

5）验电时，应将验电器的金属接触电极逐渐靠近被测设备，一旦验电器开始正常回转，且发出声、光信号，即说明该设备带电。这时，应立即将金属接触电极移开被测设备，以保证验电器的使用寿命。

6）验电时，若指示器的叶片不转动，也未发出声、光信号，则说明验电部位已确无电压。

7）在停电设备上验电时，必须在设备进出线两侧各相分别验电，以防在某些意外情况下，可能出现一侧或其中一相带电而未被发现。

8）验电时，验电器不应装接地线，除非在木梯、木杆上验电，不接地不能指示者，才可装接地线。

9）验电器应按电压等级统一编号，用后应装匣放入柜内，保持干燥，避免积灰和受潮。

2. 低压验电器

（1）低压验电器的结构、原理。低压验电器用于检验低压线路、低压设备是否带电。其外形有笔式、螺丝刀式和组合式等。按作用原理分类，它分为氖灯式和晶体显字式等。图 6-3 所示为氖灯笔式低压验电器，由工作触点、氖灯、炭精电阻、笔卡、弹簧及导电铜件组成。

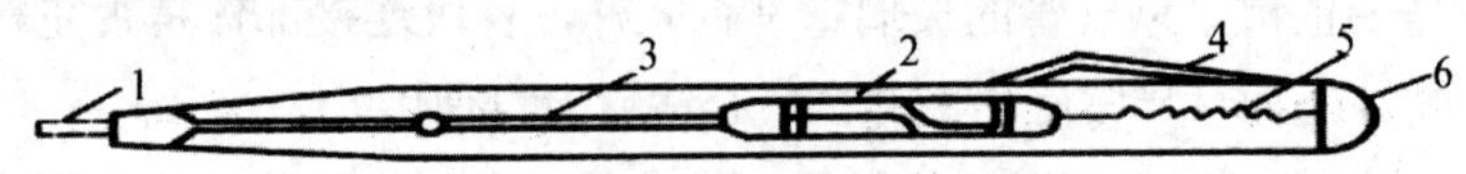

1—工作触点；2—氖灯；3—炭精电阻；4—笔卡；5—弹簧；6—导电铜件。

图 6-3 氖灯笔式低压验电器

低压验电器是利用手持验电器测试带电物体时，微小的电容电流通过验电笔、人体及大地形成回路，使验电器小窗孔氖灯管发光。因此，操作时人的手必须直接触及验电器后端的导电铜件。

（2）低压验电器的使用注意事项：

1）使用前，如要检查氖灯是否损坏时，可用 500V 兆欧表摇测，若氖灯完好时，轻摇几转后即可启辉；若兆欧表达到稳定转速时，氖灯仍不启辉，则表示氖灯损坏；若摇表指针为零，则表示氖灯内的两极黏合。

使用低压验电器前、后，应在确知带电的低电气设备或线路上试验，以证实验电器良好，验电正确。使用低压验电器时，手握笔尾并触及笔尾金属体。若使用带有圆珠笔式的验电笔时，手指一定要捏住笔杆中间的金属圆环；否则，当出现氖灯不亮的假象时，往往误认为没电反而引起触电。

验电时，不能将笔尖同时接触在被测的双线上（相线间或相线与零线间），以防短路时电弧伤人。为此，使用螺丝刀式验电笔时，其螺丝刀头上最好套上合适的绝缘套管，使笔尖只留出 1.2mm 的金属头，以防止在测试时因不慎而引起带电部分的短路。验电笔工作触点与被检查的带电部分接触，如氖管发光，说明带电。氖管越亮，说明电压越高。

2）低压验电器除用于检查、判断低压电气设备或线路是否带电外，还有以下用途。

① 区分相线与工作零线。氖灯发亮的是相线；氖灯不发亮的是工作零线；氖灯虽发亮但较暗的是与大地断开的工作零线。

② 区分交流与直流。交流电通过时，两极附近都发光；直流电通过时仅一个电极附近发光。

③ 判断电压高低。如氖灯微亮、发暗红，表明电压较低；若氖灯发亮、黄红色，表明电压较高。

三、绝缘夹钳

绝缘夹钳用于带电安装和拆卸高压熔断器、放置橡皮罩和执行其他类似的带电工作，它是 35kV 及以下电气设备上的基本安全用具。35kV 以上的电气设备，不准使用绝缘夹钳。

1. 绝缘夹钳的结构、原理

绝缘夹钳的构造与绝缘棒相似，它也分工作部分（铰夹）、绝缘部分和握手部分，如图 6-4 所示，其各部分的长度见表 6-3。

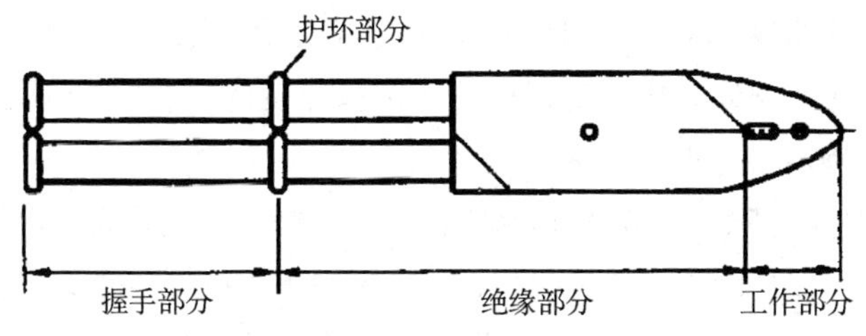

图 6-4　绝缘夹钳的构造示意图

表 6-3　绝缘夹钳的最小尺寸　　单位：m

电气设备的额定电压	户内使用		户外使用	
	绝缘部分	握手部分	绝缘部分	握手部分
10kV 及以下	0.70	0.30	1.10	0.40
35kV 及以下	1.10	0.40	1.40	0.60

2. 绝缘夹钳的使用注意事项

（1）绝缘夹钳应定期进行试验，使用前应测试绝缘夹钳的绝缘电阻。

（2）作业人员工作时，应戴护目眼镜、绝缘手套，穿绝缘靴或站在绝缘台（垫）上，手握绝缘夹钳时要精力集中并保持平衡。

（3）使用绝缘夹钳时，不允许装接地线，以免在操作时由于接地线在空中晃荡而造成接地短路和触电事故。

（4）在室外操作时，应使用带有防雨罩的绝缘夹钳。

（5）绝缘夹钳应放置在室内干燥、通风的工具架上，以防受潮和磨损。

四、绝缘隔板

1. 绝缘隔板的作用

当停电检修设备时，如果邻近有带电设备，应在两者之间放置绝缘隔板，以防止检修人员接近带电设备。绝缘隔板一般用环氧玻璃布板制成，用于 10kV 电压等级的绝缘隔板厚度应不小于 3mm，用于 35kV 电压等级的绝缘隔板厚度应不小于 4mm；尺寸大小应满足一定的安全要求。

在母线带电时，若分路断路器停电检修，在该开关的母线侧隔离开关闸口之间放置绝缘隔板，防止刀刃由于机械故障或自重而自由下落，导致向停电检修部分误送电。在断开的 6～10kV 隔离开关的动触头和静触头之间放置绝缘隔板，以防止检修设备突然来电。

绝缘隔板的安装使用有两种：一是和带电设备直接接触（如隔离开关动、静触头间），在放绝缘隔板时，应使带电体到绝缘隔板边缘距离不小于 200mm。在工作中，工作人员不得和绝缘板接触。这种只限于 35kV 及以下方可使用；另一种是和带电导体保持一定的安全距离，此时绝缘隔板的大小应根据带电体的外围尺寸和工作人员的活动范围而定，以保证工作人员在工作中不会造成对带电体的危险靠近。

2. 绝缘隔板的使用注意事项

（1）绝缘隔板应定期进行试验，使用前应检查绝缘隔板是否完好，是否超过有效试验周期。

（2）使用绝缘隔板前，应先擦净绝缘隔板的表面。如表面有轻度擦伤，应涂绝缘漆处理。

（3）绝缘隔板只允许在 35kV 及以下电压的电气设备上使用，并应有足够的绝缘和机械强度，其厚度应满足要求。现场带电安放绝缘隔板时，应戴绝缘手套、使用绝缘操作杆，必要时可用绝缘绳索将其固定。

（4）绝缘隔板应使用尼龙挂线悬挂，不能使用胶质线，以免造成接地或短路。

（5）绝缘隔板应统一编号，存放在室内干燥的工具架上或柜内，离地面 200mm 以上的架上或专用的柜内。

第二节　辅助安全工具的使用

辅助安全工具有绝缘靴（鞋）、绝缘手套、绝缘垫等。

一、绝缘靴（鞋）

在任何电压等级的电气设备上，绝缘靴均可作为辅助绝缘安全用具；而绝缘鞋仅在 1 000V 以下的电气设备上，才可作为辅助绝缘安全用具，此外，绝缘鞋还可以防止跨步电压。

1. 绝缘靴（鞋）的结构特点

作为电气设备绝缘安全用具的绝缘靴（鞋），为特制品，与普通橡皮靴（鞋）有着明显的区别：绝缘橡皮靴（鞋）除颜色不同外，表面不涂光亮层印有特殊记号。橡胶绝缘靴主要特征是靴筒较高，与绝缘鞋有较大区别，不能互换。

绝缘橡皮靴的高度应大于 150mm，上部最少需有 50mm 宽的边缘，绝缘靴（鞋）的内部均需黏胶有衬布，以防擦损内部橡皮。

2. 绝缘靴（鞋）的使用注意事项

（1）绝缘靴（鞋）在每次使用前应进行外部检查，外观检查主要是检查是否存在破裂、磨损或硬伤致使橡皮层严重损坏等缺陷，外观检查不合格的绝缘靴（鞋），禁止用作绝缘安全用具。

（2）绝缘靴（鞋）应定期进行试验，使用前应检查绝缘靴是否完好，是否超过有效试验周期。

（3）绝缘靴（鞋）不得当作雨鞋或作其他用，也禁止将普通防雨或其他用途的橡皮靴（鞋）用作电气设备的绝缘安全用具。

（4）绝缘靴（鞋）应统一编号，并应存放在干燥、阴凉的地方，或存放在专用的柜内，要与其他工具分开放置，其上不得堆压任何物件。

（5）绝缘靴（鞋）不允许放在过冷、过热、阳光直射和有酸、碱、药品的地方，以防胶质老化，降低绝缘性能。

二、绝缘手套

绝缘手套是在高压电气设备上操作时使用的辅助安全用具，当在低压带电设备或线路上工作时又可作为基本安全用具。

1. 绝缘手套的结构特点

绝缘手套用耐酸橡皮特制而成，有长、短绝缘手套两种：短手套应长于300mm；长手套应长于400mm。手套的宽度应能将工作服袖口塞入手套内。

2. 绝缘手套的使用注意事项

（1）使用绝缘杆时，戴上绝缘手套，可提高绝缘性能，防止泄漏电流对人体的伤害。

（2）绝缘手套应定期试验，使用前应检查是否超过有效检验周期。

（3）使用前，应进行外部检查，查看橡胶是否完好，查看表面有无损伤、磨损或破漏、划痕等。手套胶破损或漏气的检查方法，是从手套口开始朝着手指方向卷曲，当卷到一定程度时，内部因体积减小、压力增大，手指若鼓起，为不漏气，即为良好。

（4）操作高压隔离开关、高压跌落式熔断器、装、拆接地线时均应戴绝缘手套，同时也不应将绝缘手套作其他用途，但其他用途的橡皮手套，不得用作电气设备的绝缘安全用具。

（5）使用绝缘手套时，应将外衣袖口放入手套口内，即戴上后至少应超出手腕100mm。

（6）绝缘手套使用后应擦净、晾干，最好洒上一些滑石粉，以免粘连。

绝缘手套应统一编号，存放在干燥、阴凉的地方，或存放在专用的柜内，与其他工具分开放置，其上不得堆压任何物件，以免刺破手套。

（7）绝缘手套不允许放在过冷、过热、阳光直射和有酸、碱、药品的地方，以防胶质老化，降低绝缘性能。

三、绝缘垫

1. 绝缘垫的作用

绝缘垫一般铺在配电室等地面上以及控制屏、保护屏和发电机、调相机的励磁机的两侧，其作用与绝缘靴基本相同。当进行带电操作开关时，可增强操作人员的对地绝缘，避免或减轻发生单相接地或电气设备绝缘损坏时接触电压与跨步电压对人体的伤害。在低压配电室地面上铺绝缘垫，可增强绝缘作用，但在 1kV 以上时，仅作辅助安全用具。绝缘垫是由特种橡胶制成的，表面有防滑条纹或压花，绝缘垫的厚度不应小于 4mm。

2. 绝缘垫的使用注意事项

（1）绝缘垫应每半年用低温肥皂液清洗一次。

（2）绝缘垫应每两年检验一次。

（3）在使用过程中，应保持绝缘垫干燥、清洁，注意防止与酸、碱及各种油类物质接触，以免受腐蚀后老化、龟裂或变黏，从而降低其绝缘性能。

（4）使用过程中要避免锐利金属划刺，且应经常检查绝缘垫有无裂纹、划痕等，发现有问题时立即禁用，并及时更换新垫。

（5）绝缘垫应避免阳光照射，存放时应避免与热源距离太近，以防加剧老化变质，从而使绝缘性能下降。

第三节　防护安全用具的使用

防护安全用具本身没有绝缘性能，但可以起到防护工作人员免受伤害的作用。这类安全用具有携带型接地线、各种标示牌、临时遮栏等。

一、携带型接地线

携带型接地线是用来防止工作地点突然来电，消除停电设备或线路可能产生的感应电压以及泄放停电设备或线路的剩余电荷的安全用具。

携带型接地线也称三相短路接地线，就是挂接地线时既要使三相接地，同时又要使三相短路。因为三相短路不接地或三相分别单独接地都是不可靠的。由此可见，携带型接地线采用三相短路接地线是保护工作人员免遭电伤害的最有效的措施。携带型接地线的结构，如图 6-5 所示。

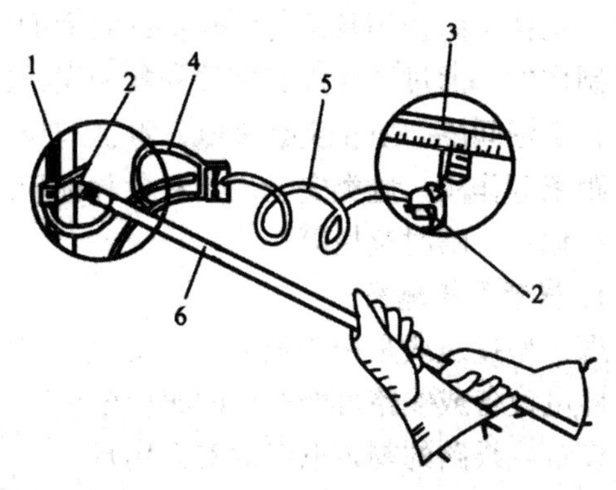

1—导电体；2—接线夹头；3—接地干线；4—短软导线（分相线）；5—长软导线（总线）；6—绝缘棒。

图 6-5　携带型接地线结构与安装

携带型接地线的截面应根据短路电流的热稳定要求选定，不能因为产生高热而熔断。一般选用接地线不小于 25mm^2 多股软铜线，个人保安线不得小于 16mm^2，其外面应包有透明的绝缘塑料套以预防扭结或外伤断股。

携带型接地线，装设在停电检修设备各侧有可能来电的导线上。由于临时地线三相短接在一起，因此可以防止由于误操作，突然送电至检修工作地点，使检修人员触电的事故。

二、标示牌

在电气设备上或附近悬挂标示牌，其作用是：警告作业人员不得接近设备的带电部分，提醒作业人员在工作地点应采取相应安全措施，指明应检修的工作地点，警示值班人员禁止向某设备合闸送电等。因此安装标示牌是保证电气工作人员安全的重要技术措施之一。

常用电气标示牌有 6 种，即“禁止合闸，有人工作!”“禁止合闸，线路有人工作!”“在此工作!”“止步，高压危险!”“从此上下!”和“禁止攀登，高压危险!”，每种标示牌都有其用途，且有的制作成两种规格的尺寸，使用时一定要正确选择。另外，在有的场合，标示牌与临时遮栏要配合使用。

三、临时遮栏

1. 临时遮栏的作用

在电气设备和线路检修工作时，在检修场地装设临时遮栏是为了防止发生检修人员误入带电间隔、误登带电设备或误接近邻近带电设备而造成电击事故，同时也可以防止非检修人员进入施工的危险区域内被碰伤、砸伤。

安全用临时遮栏是用来限定检查人员、运行值班人员的活动范围，以防止无意碰到或过分接近带电体。当被检修的设备安全距离不足时，也可采用安全遮栏作为安全隔离装置。

2. 临时遮栏的制作要求

安全用临时遮栏分固定式和移动式两类，前者以钢材制成，后者一般用干燥的木材或其他绝缘材料制作。用木材或其他绝缘材料制成的移动式遮栏，要求放置稳定，且不易倾倒。目前，现场大多用尼龙绳代替老式移动遮栏，尼龙绳上悬挂醒目的红、白相间的三角小旗。安全遮栏高度不得低于 1.8m，下部边缘离地面应不超过 100mm。

3. 临时遮栏的使用注意事项

（1）临时遮栏的安装距离应符合安全规定。部分停电的工作，安全距离小于规定距离（10kV 及以下为 0.7m；35kV 为 1.0m）内的未停电设备应装设临时遮栏。临时遮栏与带电部分的距离不得小于规定数值（10kV 及以下为 0.35m；35kV 为 0.6m），以确保工作人员在工作中始终保持对带电部分有一定的安全距离。

（2）室外临时围栏应采用封闭或网状遮栏，并具有独立支柱，不得利用设备的构架作围网支柱。围网应设置出入口，向内悬挂“止步，高压危险!”标示牌。

（3）临时遮栏不得随便移动或拆除。工作人员如因工作需要必须变动时，应征得工作许可人的同意。设备检修完毕后，应将遮栏存入室内固定地点。

四、护目镜、安全帽

人体防护用具的作用就是对人体本身进行直接防护，避免遭到外来物的伤害。它包括护目镜、安全帽、防护工作服等。

1. 护目镜

（1）护目镜的作用：护目镜是在操作、维护和检修电气设备或线路时，用来保护眼睛使其免受电弧灼伤及防止异物落入眼内的安全用具。

（2）使用注意事项：

1）使用护目镜前应检查护目镜表面光滑，无气泡、无杂质，以免影响工作人员的视线，镜架平滑，不可造成擦伤或有压迫感。同时，镜片与镜架衔接要牢固。

2）护目镜要按出厂时标明的遮光编号或使用说明书使用，并保管在干净、不易碰撞的地方。

2. 安全帽

安全帽是对人体头部受外力伤害起防护作用的安全用具，建筑施工现场都必须戴上安全帽，以免落物打伤头部。

（1）安全帽的作用：

1）防护飞来物体击向头部。

2）当工作人员从 2m 及以上高处坠落时对头部的防护。

3）当工作人员在沟道等狭窄场所内行走，防止障碍物碰到头部或从交通工具上甩出时对头部的保护。

4）防护头部触电或电击。

（2）安全帽使用注意事项：

1）安全帽使用前，应检查帽壳、帽衬、帽箍、顶衬、下颏带等附件完好无损。尤其在使用安全帽前应仔细检查有无龟裂、下凹、裂痕和磨损等情况，千万不要使用有缺陷的安全帽。

2）安全帽帽衬是起缓冲作用的，帽衬松紧是由带子调节的。一般调节为人体头顶和帽壳内顶的空间至少要有 32mm 才能使用。这样不仅在遭受冲击时帽体有足够的空间可供变形，而且也有利于头和帽体之间的通风。

3）安全帽必须戴正，如将安全帽歪戴在脑后，则会降低安全帽对于冲击的防护作用。

4）使用安全帽时应系实下颏带，防止工作中前倾后仰或其他原因造成滑落。此时当可能有物体坠落时，由于安全帽未系实掉落而起不到防护作用，即使帽体与头顶之间有足够的空间，也不能充分发挥防护作用，而且当头前后摆动时，安全帽容易脱落。

5）安全帽在使用过程中要加以爱护，既不要当凳子使用，也不应随便乱摔跌，以免使其强度降低或损坏。

6）安全帽的材质会逐步老化变脆，必须定期检查更换。塑料安全帽使用寿命不超过 2.5 年，玻璃钢安全帽不超过 3.5 年。

7）对于近电报警式安全帽，还应注意以下几点：

① 近电报警式安全帽不能代替验电器。装设接地线前必须使用合格的验电器验证设备确无电压后，方可装设接地线。

② 每次使用前，选择灵敏开关于高挡或低挡，然后按一下安全帽的自检开关，若能发出音响信号，即可使用。

③ 头戴或手持近电报警式安全帽接近检修架空电力线路或用电设备时，至报警距离范围（每种近电报警式安全帽的开始报警距离不同，具体数据见厂家说明书）内时，若能发出报警声音，表明线路或设备带电，否则（可能）不带电。

④ 当发现自检报警声音降低时，表明电池已快耗尽，应及时更换电池。同时要注意安全帽的保管，将其放置于室内干燥、通风和固定位置。

第四节　安全工器具的保管与检查要求

一、安全工器具的保管

（1）安全工器具宜存放在温度为−15～35℃、相对湿度为 80% 以下、干燥通风的安全工器具室内。

（2）安全工器具室内应配置适用的柜、架，并不得存放不合格的安全工器具及其他物品。

（3）绝缘工具在储存、运输时不得与酸、碱、油类和化学药品接触，并要防止阳光直射或雨淋。橡胶绝缘用具应放在避光的柜内，并撒上滑石粉。

二、安全工器具的使用前检查

安全工器具使用前的外观检查应包括绝缘部分有无裂纹、老化、绝缘层脱落、严重伤痕；固定连接部分有无松动、锈蚀、断裂等现象。对其绝缘部分的外观有疑问时应进行绝缘试验，合格后方可使用。

第七章 施工电源设备与变电所

施工电源主要有市电高压电源、低压电源与柴油发电机供电，其主要电源设备是变压器、箱式变电站与柴油发电机等。施工变电所视用电规模与环境条件可采用露天变电所、室内变电所与箱式变电站。配电室也可视具体情况设或不设。

第一节 变压器的用途、分类及铭牌

一、变压器的用途

变压器是运用电磁感应原理制作的，它具有变换电压、电流和阻抗参数的功能。

变换电压是指将一种等级的交流电压，改变为同频率的另一种等级的交流电压。在电压改变的同时，电流大小也同时改变，这就是变流作用。由于两侧的电压不同，其两侧的阻抗存在一定的相互关系，这就是改变阻抗的作用。

二、变压器的分类

变压器的种类很多，但就其工作原理，一般可按以下情况来划分：

（1）按用途来划分，可分为电力变压器、试验变压器、仪用变压器、特殊用途变压器。

（2）按相数分，可分为单相变压器、三相变压器。

（3）按绕组形式分，可分为自耦变压器、双绕组变压器、三绕组变压器。

（4）按铁芯形式分，可分为芯式变压器、壳式变压器。

（5）按冷却方式分，可分为油浸式变压器、干式变压器、充气式变压器、蒸发冷却变压器。

变压器的分类和表示符号用表 7-1 所示。

表 7-1　变压器的分类、表示符号

序号	分类方法	类　别	表示符号
1	相数	单相，三相	D，S
2	线圈外绝缘介质	空气，成型固定	G，C
3	冷却方式	自冷	–
		风冷	F
		水冷	S
4	油循环方式	自然循环，强追循环	–，P
5	线圈数	双圈三圈	–，S
6	调压方式	无激磁调压，有载褥压	–，Z
7	线圈导线材料	铜，铝	–，L
8	线圈耦合方式	自耦，分裂	Q，–

施工用变压器，露天安装一般采用油浸式电力变压器，室内安装也多采用油浸式电力变压器，有条件时也可采用干式电力变

压器；箱式变电站一般采用干式电力变压器。

干式变压器的优点是通常不会自燃，而且优质产品具有阻燃能力，所以比较安全，无油所以比较干净，自身功耗较油浸式的小，运行维护也较油浸式的方便；缺点是价格高、占地面积大、户外使用困难、容量等级有限，通常用在室内和对防火要求比较高的场合。

油浸式变压器的优点是电压等级与容量可以做得很高，散热性能较干式变压器好，占地面积小，价格较干式变压器便宜，环境适应性较好，使用范围广泛，缺点是漏油、产生故障时对环境有污染，甚至有可能喷油和燃烧，在室内使用比较危险；运行维护也较麻烦。

三、变压器铭牌

制造厂生产任何一种型号的变压器时都规定了一些额定值，并根据这些额定值设计、制造和检验变压器。制造厂把有关的额定值标注在铭牌上，供使用者参考。因此，我们应掌握铭牌上标注的有关技术数据。

（1）变压器型号（含义表示如下）：

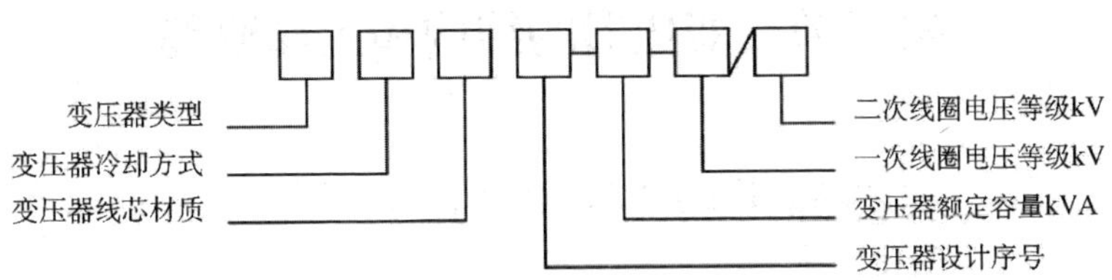

（2）额定电压：

一次线圈额定电压 V_{1N}：指变压器在额定运行情况下，考虑变压器绝缘强度及允许发热所规定的线电压，单位为千伏（kV）。

二次线圈的额定电压 V_{2N}：指变压器在空载运行时，分接开关置于额定分接头时的线电压，单位为千伏（kV）。

（3）额定电流：指变压器在额定运行时，一次线圈和二次线圈允许发热所通过规定的线电流，分别用 I_{1N}、I_{2N} 表示，单位为安培（A）。

（4）额定容量：指变压器在额定状态下二次侧输出的功率，用 S_N 表示，单位为千伏安（kVA）。

（5）空载损耗：也叫铁损，是变压器在空载时的功率损失，用 ΔP_{Fe} 表示，单位瓦特（W）或千瓦（kW）表示。

（6）空载电流：变压器空载运行时的励磁电流占额定电流的百分数。

（7）短路电压：也叫阻抗电压，指将变压器一侧绕组短路，另一侧绕组达到额定电流时所施加电压与额定电压的百分比。

（8）短路损耗：一侧绕组短路；另一侧绕组施以额定电流时的损耗，单位以瓦特或千瓦表示。

（9）连接组别：表示原、副绕组的连接方式及线电压之间的相位差，以时钟表示。

第二节　变压器的结构和工作原理

一、变压器的结构及各部件的作用

1. 变压器的基本结构（以油浸式变压器为例）

油浸式变压器是由铁芯和绕组组成。此外还包括油箱、油枕、吸湿器、散热器、防爆管、绝缘套管等。其构造如图 7-1 所示。

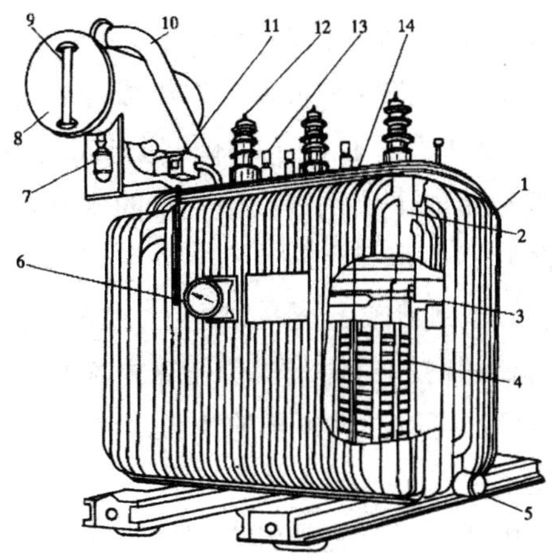

1—散热器；2—油箱；3—铁芯；4—线圈及绝缘；5—放油阀；6—温度计；
7—吸湿器；8—贮油柜；9—油面指示器；10—防爆管；11—气体继电器；
12—高压套管；13—低压套管；14—分接开关。

图 7-1　变压器外形

2. 各部件的作用

（1）铁芯：铁芯是变压器最基本的组成部分之一。铁芯是用导磁性很好的硅钢片叠合而成的闭合磁路。变压器的一次和二次绕组都绕在铁芯上，是变压器电磁感应的通路。

（2）线圈：线圈也是变压器的基本部件。变压器有原边线圈和副边线圈，它们是用铜质或铝质材料绕制成圆筒形状的多层线圈，绕在铁芯上的导线外边采用纸绝缘或沙包绝缘等，用以构成变压器的电路。

（3）油箱：是变压器的外壳，内装铁芯和绕组线圈并充满变压器油，使铁芯和线圈浸在油内。变压器油起绝缘和散热的作用。

（4）油枕：油枕安装在油箱的顶端，油枕与油箱之间有管子连通。当变压器油的体积随温度变化而膨胀或缩小时，油枕起着补油和储油的作用，以保证油箱内充满油。油枕的侧面还装有油位计（油标管），可以监视油位的变化。

（5）呼吸器：由一铁管和玻璃容器组成，内装干燥剂（如硅胶）。当油枕内的空气随变压器内的体积膨胀或缩小时，排出或吸入的空气经过呼吸器内干燥剂吸收空气中的水分及杂质，使油保持良好的电气性能。

（6）防爆管：安装在变压器的顶盖上，喇叭形的管子与油枕或大气连通，管口用薄膜封住。当变压器内部发生严重故障时，箱内油的压力骤增，可以冲破顶部的薄膜，使油和气体向外喷出，以防止油箱破裂。

（7）气体继电器，又称瓦斯继电器：装在油箱或油枕的连管中间。当变压器油面降低或有气体分解时，轻瓦斯保护动作，发出信号。当变压器内部发生严重故障时，重瓦斯保护动作接通断路器的跳闸回路，切除电源。

（8）绝缘套管：变压器的各侧线圈引出线必须采用绝缘套管，它起着固定引线和对地绝缘的作用。

（9）分接开关：是调整电压的装置，分为有载调整和无载调整两类。

（10）变压器还有散热器、温度计、热虹吸过滤器等部件。

二、变压器的工作原理

变压器根据电磁感应原理，将某一等级的交流电压变换成同频率另一等级的交流电压设备。单相变压器的原理如图 7-2 所示。

它有两个匝数不同的线圈绕在一个闭合铁芯上。为了减少铁损铁芯采用硅钢片叠成。

在闭合铁芯回路的芯柱上绕有两个互相绝缘的绕组。与电源相连接的绕组叫一次侧绕组，其匝数为 N_1；与负载相连接的绕组叫二次侧绕组，其匝数为 N_2。

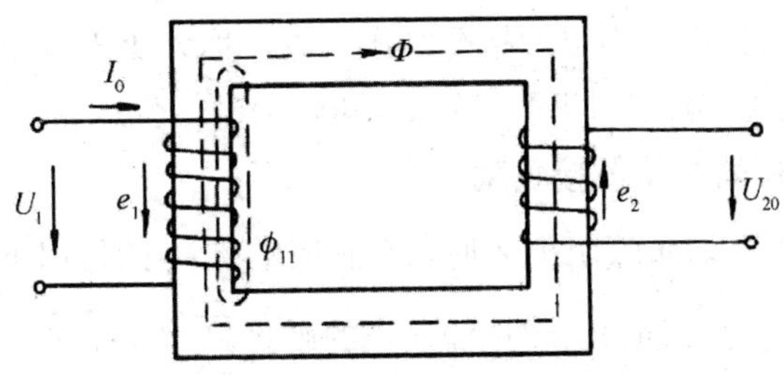

图 7-2 单相变压器的原理

1. 变压器二次侧开路

在一次侧施加交流电压为$\dot{U}_1$（频率为 f）时，在一次侧绕组流过的电流$\dot{I}_1$，则在铁芯中产生交变的磁通$\dot{\Phi}$。交变磁通穿过两个绕组，分别产生感应电动势$\dot{E}_1$和$\dot{E}_2$，其大小与频率厂、绕组的匝数（N_1或N_2）及主磁通的最大值Φ_m（单位为 Wb）成正比，则

一次绕组的感应电动势为$E_1 = 4.44 fN_1\Phi_m$

二次绕组的感应电动势为$E_2 = 4.44 fN_2\Phi_m$

由以上两式可得

$$\frac{E_1}{E_2} = \frac{N_1}{N_2} = K$$

由于一次绕组的漏抗和电阻都比较小，空载时电流 I_1（称为空载电流 I_0）也很小，故可忽略由它们引起的电压降，则有$U_1 \approx E_1$；因二次侧此时开路，即$I_2 = 0$，则$U_2 = E_2$，所以

$$\frac{U_1}{U_2} \approx \frac{I_2}{I_1} = \frac{N_1}{N_2} = K$$

式中，U_1、U_2—— 一次和二次绕组的端电压有效值；

K——单相变压器的变比。

由上式可以看出，绕组匝数多的一侧电压高，匝数少的一侧电压低。由于变压器一次和二次侧的绕组匝数不相等，故可起到变换电压的作用。当电源接至高压侧时，称该变压器为降压变压器；当电源接至低压侧时，称该变压器为升压变压器。

2. 变压器二次侧接负载

二次侧接通负载阻抗 Z 时，在感应电势$\dot{E}_2$的作用下，二次侧绕组将有电流$\dot{I}_2$通过。该电流产生的磁势$\overline{F_2}$（即$\dot{I}_2 \cdot N_2$）也作用在同一铁芯回路上，它力图改变主磁通Φ_m大小的性质。但因主磁通Φ_m的大小在电源$\dot{U}_1$不变的情况下是基本不变的，所以磁势$\overline{F_2}$的存在，只能引起一次侧电流的相应变化。负载运行的一次侧电流可视为由两部分组成：产生主磁通的励磁分量（为空载电流I_0）和由二次侧磁势引起的负载分量（与$\overline{F_2}$大小相等、相位相反）。若忽略相对很小的励磁分量电流$\dot{I}_0$，在主磁路中有$\overline{F_1}=-\overline{F_2}$的磁势平衡关系。由磁势平衡关系，还可以得到一次和二次侧电流关系式。只考虑量值关系，则

$$F_1=F_2$$

$$I_1N_1 = I_2N_2$$

由上式可得
$$\frac{I_1}{I_2}=\frac{N_2}{N_1}=\frac{1}{K}$$

综上所述
$$\frac{U_1}{U_2}=\frac{I_2}{I_1}=\frac{N_1}{N_2}=K$$

变压器负载运行时一次和二次电流与一次和二次绕组的匝数成反比，这是变压器也能改变电流的道理。由于 $U_1=KU_2$、$I_2=KI$，则$U_1I_1 = U_2I_2$，表明变压器一次和二次绕组的功率基本相等，这就是变压器能传递功率的原理。

三相变压器的工作原理与单相变压器的工作原理相同。对于单相变压器分析得出的结论都可适用于三相变压器的每一相。而需要指出基本公式中所表达的电压和电流的关系在三相变压器中相当于相电压与相电流的关系。

第三节　自耦变压器和互感器

一、自耦变压器

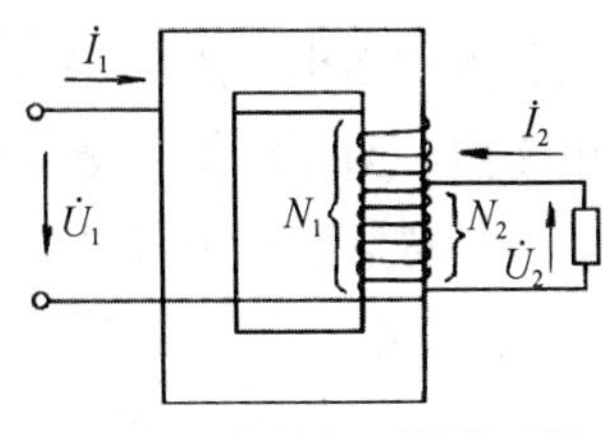

图 7-3　自耦变压器原理图

铁芯上只有一个绕组的变压器，或原、副绕组合二为一的变压器叫自耦变压器。如图 7-3 所示。

自耦变压器的工作原理与双绕组变压器一样，原、副绕组电压与匝数关系为

$$\frac{U_1}{U_2}=\frac{N_1}{N_2}=K_U$$

只要适当取副边匝数 N_2 就可以获得相应副边电压 U_2。如图 7-3 所示，把单相变压器的中间抽头做成能沿整个线圈滑动的活动触头，则副边电压可以在较大范围内在滑动地连续调节。这种变压器也叫调压器，常用于实验室。

三相自耦变压器，常用于三相异步电动机做降压启动，也用于实验室做调节三相电源电压。

自耦变压器比双绕组的变压器构造简单，节省材料，效率高，但是原、副绕组之间有电的联系，对操作人员来说不够安全。一旦公共部分断开，则高压直接进入低压边，容易发生事故，接线时要特别注意，防止由于接线错误而造成触电事故或设备损坏。

二、互感器

互感器用于交流电路中，与测量仪表及断电保护设备配套使

用。其作用是扩大测量仪表的量程或控制断电保护设备动作，同时使测量仪表与被测的高压电路隔离，以保证测量时的安全。

互感器是一种变压器。互感器包括电压互感器和电流互感器两种类型。电流互感器用在各种交流装置中，其原绕组串联于一次回路内，而副绕组与测量仪表或继电器的电流线圈串联。电压互感器用于电压为380V及以上交流装置中，其原绕组并联于一次电路内，而副绕组与测量仪表或继电器的电压线圈并联连接。

互感器的作用有以下几个方面：

（1）将一次回路的高电压、大电流变为二次回路的标准值，通常额定电压为 100V，额定二次电流为 5A，使测量仪表和保持装置标准化，以及二次设备的绝缘水平可按低电压设计，从而结构轻巧，价格便宜。

（2）所有二次设备可用低电压、小电流的控制电缆连接，使屏内在线简单、安装方便。同时便于集中管理，可实现远距离控制和测量。

（3）二次回路不受一次回路的限制，可采用不同的接线形式，因而接线灵活方便。同时，对二次设备进行维护、调换以及调整试验时不需要中断一次系统的运行，仅适当改变二次接线即可实现。

（4）使二次设备和工作人员与高压部分隔离，且互感器二次侧均应接地，从而保证了设备与人身的安全。

1. 电流互感器

（1）工作原理：电流互感器的原绕组串联于一次电路，副绕组与测量仪表的电流线圈串联，如图 7-4 所示。

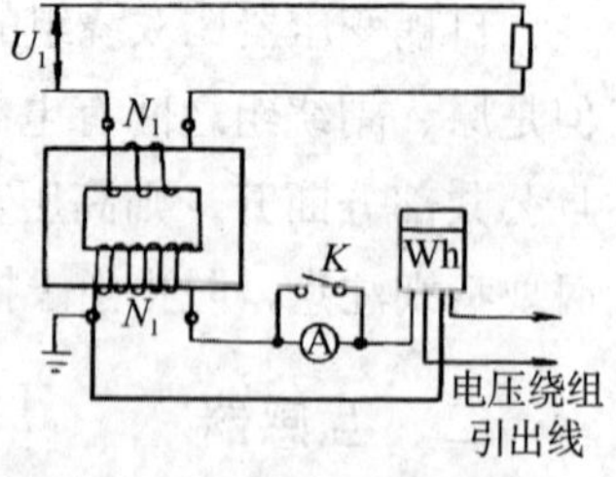

图 7-4　电流互感器接线

由于电流互感器的原绕组匝数 ω_1 较少，通常仅一匝或几匝，副边绕组匝数 ω_2 较多。因此二次回

路内的电流 I_2 小于一次回路内的电流 I_1。电流互感器的额定变比 K_1，为

$$K_1 = I_{1e} / I_{2e} \approx \omega_2 / \omega_1$$

式中，I_{1e}——原边额定电流；

I_{2e}——副边额定电流，一般为 5A。

电流互感器二次回路中串接的负载，是测量仪表和继电器的电流线圈，阻抗很小，因此，电流互感器正常工作时，接近于短路状态。电流互感器在正常工作状态时，二次负荷电流所产生的二次磁势 F_2 对一次磁势 F_1 有去磁作用，因此合成磁势 F_0 及铁芯的合成磁通 Φ 并不大，在副绕组内所感应的电势 E_2 的数值不超过几十伏。

为方便读数，一般在与电流互感器配套的电流表的刻度盘上直接标出被测电流。使用电流互感器时应注意以下问题。

在使用时，电流互感器的副边绕组绝对不能开路，这是因为电流互感器原绕组与被测电路串联，通过原绕组的电流值取决于负载大小而与电流互感器的副边是否接通无关。

副绕组与电流表接通，相当于短路，由于匝数多，I_2 较小。原绕组中的电流 I_1 建立的磁势 I_1N_1 大部分被 I_2N_2 抵消，所以铁芯中的磁通不大。当副边开路由 I_1N_1 产生的磁通，全部通过铁芯，磁通猛增，不但使铁损急剧上升，铁芯严重发热，更为严重的是这样大的磁通将在副绕组中产生较高的感应电动势，从而危及工作人员的安全，或将线圈的绝缘击穿。因此电流互感不得开路，使用时将副边的一端牢固接地。为此，当电流表损坏需要更换时，必须先将电流互感器的副绕组短路或将一次负载停电，方可拆线。

（2）电流互感器的接线：电流互感器的接线一般有 3 种，如图 7-5 所示。

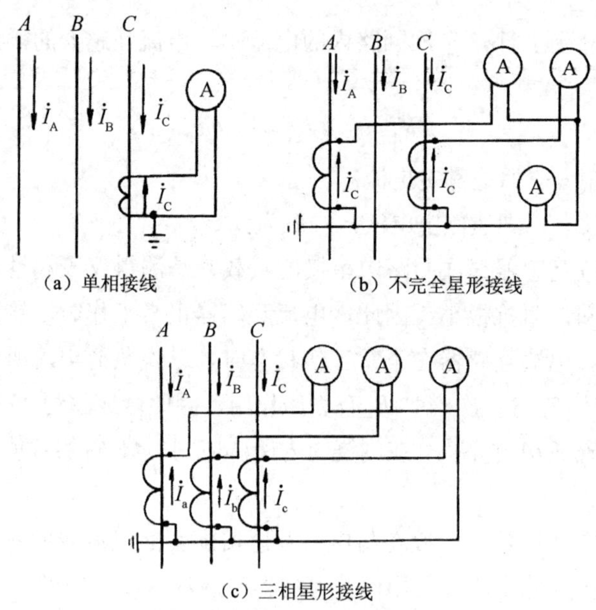

图 7-5 电流互感器接线图

1）单相接线。在负荷比较对称的情况下，用一个电流互感器检测到的一相电流值，反映三相电流的情况。如图 7-5（a）所示。

2）不完全星形接线。在 *A*、*C* 相装两个电流互感器，由于 *A*、*C* 相电流之和等于 *B* 相电流，所以这种接线能测到三相电流。但在继电保护中，如果 *B* 相发生短路，故障则不能反映出来。它是一种最常用的接线方式。如图 7-5（b）所示。

3）三相星形接线。这种接线能检测到三个相电流。主要供不对称情况下测量三相电流。在继电保护中，能检测到各种短路故障电流。如图 7-5（c）所示。

2. 电压互感器

（1）工作原理：电压互感器实质上是一个小容量的降压变压器，当被测电压很高时，可以通过电压互感器将一个很高的电压变为一个较低的电压进行测量。使用时，匝数较多的绕组与被测电路并联，匝数较少的绕组接电压表，由于电压表的内阻很大，因此副边电流是很小的，近似变压器副边开路。电压互感器单相接原理如图 7-6（a）所示。

$$\frac{U_1}{U_2}=\frac{N_1}{N_2}=K_U$$

K_U 是变压器的变比，这里称为倍率。为了便于读数，一般在电压表刻盘上直接标出被测量的高压值。

使用电压互感器应注意的事项：

1）副绕组不能短路，否则将产生很大的短路电流，使电压互感器烧坏。

2）铁芯和绕组必须牢固接地，以防当高压绕组绝缘损坏，在副绕组及测量仪表出现对地的高压，危及操作人员安全。

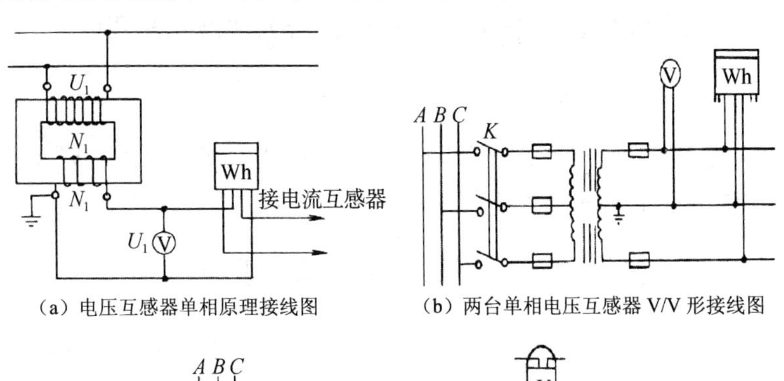

（a）电压互感器单相原理接线图

（b）两台单相电压互感器 V/V 形接线图

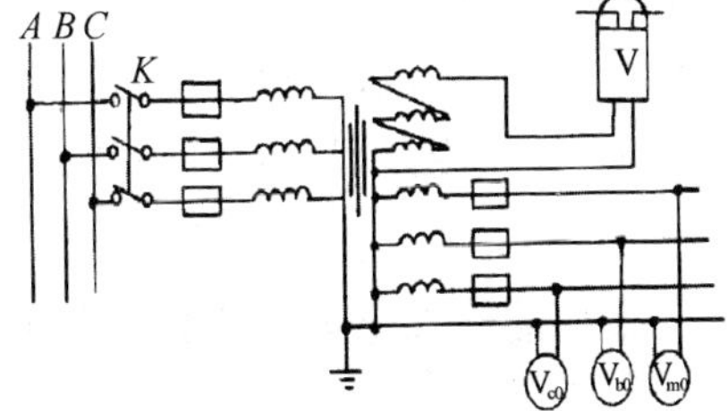

（c）三相五柱式电压互感器原理接线图

图 7-6 电压互感器接线图

（2）电压互感器的 V/V 接线：如图 7-6（b）所示，由两个单相电压互感器组成。互感器的高压侧中性点不能接地。由此可检测到 3 个线电压。

（3）电压互感器的开口△形接线：如图 7-6（c）所示，通常由三相五柱式电压互感器来实现。一次侧三相绕组接成星形，二次侧的其中 3 个绕组接成星形，另外 3 个绕组互相串联，引出两个接线端 a_0、x_0 成为开口△接法。显然，a_0、x_0 两端电压为三相电压之和；当一次侧三相对称时，a_0、x_0 两端电压为零；当一次侧有一相接地时，三相电压之和不为零，通常可以得到 100V 左右的电压。这种接线广泛用于 3～10kV 系统，由开口△检测到的电压信号反映高压线路是否有接地故障。

第四节　变压器异常运行及故障处理

变压器在运行中发生故障，一般可以通过温度、声音以及仪表指示的变化和气体继电器的动作指示反映出来。

一、运行中变压器温升过高的原因及处理

一般变压器的运行温度是随环境温度、负荷电流的变化而变化的，如果变压器环境温度不高，负载电流及冷却条件都不变，而运行温度不断上升，说明变压器运行不正常。此时应停电检查处理。

自然冷却或风冷却油浸式电力变压器的过负荷允许时间见表 7-2。

表 7-2　自然冷却或风冷却油浸式电力变压器的过负荷允许时间

单位：h/min

过负荷倍数	过负荷前上层油的温升/ ℃					
	18	24	30	36	42	48
1.05	5:50	5:25	4:50	4:00	3:00	1:30
1.10	3:50	3:25	2:50	2:10	1:25	0:10
1.15	2:50	2:25	1:50	1:20	0:35	
1.20	2:50	1:40	1:15	0:45		
1.25	1:35	1:15	0:50	0:25		
1.30	1:10	0:50	0:30			
1.35	0:55	0:35	0:15			
1.40	0:40	0:25				
1.45	0:25	0:10				
1.50	0:15					

（1）由于变压器绕组的匝间或层间短路，会造成温升过高，一般通过运行中监听变压器发出的“咕嘟”声可进行粗略判断。也可取变压器油样进行化验，如果发现油质变坏，或瓦斯保护动作，可以判断为变压器内部有短路故障。

（2）变压器的分接开关接触不良造成温升过高。

分接开关接触不良，使得接触电阻过大，甚至造成局部放电或过热，导致变压器温升过高。此类故障轻瓦斯保护可能频繁动作，可由信号来判断；取变压器油样化验分析时，油的闪点将下降；通过测量变压器高压绕组的直流电阻也能判断此类故障。

（3）变压器铁芯硅钢片间绝缘损坏，或铁芯的穿心螺栓的套管绝缘损坏，造成铁芯硅钢片间局部短路，致使涡流损失增大而造成局部过热。由于变压器温升过高，会加速油的老化，使油色变暗，闪点降低，气体继电器频繁动作。

以上 3 种情况，可通过吊芯检修。

（4）变压器可以在正常过负荷和事故过负荷情况下运行。

正常过负荷是在不减少变压器使用寿命条件下的负荷。因为高峰或低谷、环境温度高或低，都会使变压器绝缘寿命减少或增加，按绝缘寿命增减相互补偿的原则，若低负荷期间负荷小于额定容量，高负荷期间则允许过负荷；夏季最高负荷低于额定容量时，冬季允许过负荷。正常过负荷的允许值应按当地供电部门的有关规定执行。

事故过负荷只允许在事故情况下使用。例如并联运行的若干变压器有一台损坏，又无备用变压器，则其余变压器允许按事故过负荷运行。变压器存在较大缺陷时，不允许过负荷运行。

自然冷却油浸变压器允许的事故过负荷能力见表 7-3。

表 7-3 自然冷却油浸变压器允许的事故过负荷能力

过负荷倍数	1.30	1.45	1.60	1.75	2.00
允许持续时间/min	120	80	45	20	10

二、变压器严重缺油的主要原因及处理

变压器缺油的主要原因有：

① 变压器运行中有严重漏油或多处漏油现象。

② 变压器出现假油面，或经常取样而未及时补油。

变压器运行中，发现缺油应及时进行补油，要畅通油、气通道，以消除假油面。变压器不得在看不到油位的情况下运行。

三、声音异常

变压器加上电源后，若响声异常则要按具体声音情况进行分析，检查有无内部故障。

（1）出现不均匀的嘈杂噪声可能是变压器内部个别零件松动。

如是此情况，应及时检修紧固松动部件。

（2）发出“噼啪”的爆裂声，说明变压器内部电路有接触不良处或绕组绝缘有放电击穿现象。

四、油色变化

出现油色变化的现象，应取油样进行试验分析，若发现油内含有炭粒和水分，油的酸价提高，闪点降低，绝缘强度降低等，说明油质已变化，这时很容易引起绕组与外壳间产生击穿事故。

五、油枕或防爆管喷油

喷油可能有以下两个原因：

① 变压器二次侧发生短路，而保护拒动。

② 变压器内部有短路故障，而出气孔堵塞。此时应立即停电检查保护装置或通过测量绕组直流电阻、绝缘电阻等试验查找内部缺陷。

六、套管闪络，引线连接不良

（1）运行中变压器套管由于密封不严，进水，使绝缘受潮而损坏。

（2）套管制造不良，内部游离放电。

（3）套管积秽严重，造成闪络。

（4）套管上有较大碎片或裂纹，由于套管表面膨胀不均，发生套管爆炸。

（5）引线和导电杆的连接螺丝接触不良，长时间运行会造成引线与接线卡子连接处烧坏，发生故障。

发生以上各种情况，应停电处理。一是更换不合格套管；二是紧固引线连接点，防止接点发热烧坏。

七、变压器高、低熔丝熔断的原因和处理

采用熔断器保护的变压器，高压侧熔丝熔断，可能是变压器内部故障所致，低压侧发生故障或过负荷时，若低压熔丝熔断也会发生高压熔丝熔断的越级动作。高压侧熔丝熔断后，应立即进行停电检查。检查内容包括有无闪路放电，绝缘有无击穿、接地，有无短路及过负荷现象，并摇测绝缘电阻。低压侧熔丝熔断，可能是低压侧引出线短路或过负荷造成的。此时应重点检查低压线路及用电设备，查出故障并处理后，方可恢复供电。

八、变压器三相电压不平衡

（1）三相负荷不平衡引起中性点移位。三相四线制中，中性线断线后会造成三相电压严重不平衡。

（2）变压器绕组匝间或层间短路。

由三相负荷不平衡引起的中性点位移应调整各相负荷，使三相负荷基本平衡。若属中性线断线引起三相不平衡，则应恢复断开的中性线。属变压器绕组故障，应吊芯处理。

第五节　自备发电机

一、230/400V 自备发电机室的设置基本要求

（1）发电机组及其控制、配电、修理室等可分开设置；在保证电气安全距离和满足防火要求的情况下可合并设置。

（2）发电机组的排烟管道必须伸出室外。发电机组及其控制、配电室内必须配置可用于扑灭电气火灾的灭火器，严禁存放贮油桶。

二、使用自备发电机应落实的有关措施

（1）使用自备发电机应办理有关手续。

（2）自备发电机组电源必须与外电线路电源连锁或采用双投开关，严禁并列运行。

（3）施工单位应建立防止倒送电的组织措施，如制定必要的操作制度、操作规程等。

（4）发电机组应采用电源中性点直接接地的三相四线制供电系统和独立设置 TN-S 接零保护系统，其工作接地电阻值应符合电力变压器工作接地要求。

（5）发电机控制屏宜装设下列仪表：交流电压表、交流电流表、有功功率表、电度表、功率因数表、频率表、直流电流表。

（6）发电机供电系统应设置电源隔离开关及短路、过载、漏电保护电器。电源隔离开关分断时应有明显可见的分断点。

（7）发电机组并列运行时，必须装设同期装置，并在机组同步运行后再向负载供电。

三、发电机组的启动、运行的操作

1. 作业条件

（1）固定式发电机应安装在室内的基础上，移动式发电机在室外使用时应搭设机棚，机械应处于水平状态放置稳固，楔紧轮胎。

（2）新装、大修后或停用 10 天以上的发电机，使用前应测量定子和励磁回路的绝缘电阻和吸收比，定子绝缘电阻值不得低于前次所测的 30%；励磁回路绝缘电阻不得低于 0.5MΩ；吸收比不

小于1.3，并做好测量记录。

2. 作业前的检查和启动

（1）检查内燃机与发电机传动部分应连接可靠，输出线路的导线应绝缘良好，各仪表齐全、有效。

（2）启动前应将励磁变阻器的电阻值放在最大位置上，切断供电输出主开关，将中性点接地开关合上；有离合器的机组应先空载启动内燃机，待运转平稳后，再接合发电机。

（3）启动后检查在升速中应无异响，滑环及整流子上的电刷接触良好，无跳动、冒火花现象。待频率电压达到额定值后，方可向外供电。载荷应逐步增大，三相保持平衡。

3. 运行中注意事项

（1）发电机连续运行的最高和最低允许电压值不得超过额定值的±10%。发电机正常运行的电压变动范围在额定值的±5%以内，功率因数为额定值时，其额定容量不变。

（2）发电机开始转动后，即应认为全部电气设备均已带电，不得触碰。

（3）发电机应在额定频率下运行，频率变动范围不超过±0.5Hz。

（4）发电机的功率因数不应超过迟相（滞后）0.95。有自动励磁调节装置的，可在功率因数为 1 的条件下运行，必要时允许短时间在迟相 0.95～1 的范围内运行。

（5）运行中经常检查：各仪表指示应正常，各运转部分无异常，并随时调整发电机的载荷，使定子、转子电流不超过允许值。

（6）停机时的安全注意事项：停机前应先切断各供电分路主开关，逐步减去载荷，然后切断发电机供电主开关，将励磁变阻器复回到电阻最大位置，使电压降至最低值，再切断励磁开关和中性点接地开关，最后停止内燃机运转。

第八章　施工现场常用电气设备

第一节　临时用电配电屏（柜）、配电箱、开关箱

一、临时配电箱、开关箱设置方式

（1）总配电箱、配电室的位置，一般应设在电源方向上和靠近负荷中心，又便于各阶段施工安排和安全操作运行的地点。

根据现场用电设备分布位置，确定分配电箱和设备开关箱的位置。如临时用电线路超过 50m 或有多处用电点时，应在靠近电源的区域设置配电柜或总配电箱，在用电设备或负荷相对集中的区域设置分配电箱，在靠近设备附近装分开关箱，实行三级配电。分配电箱与开关箱的距离不得超过 30m，开关箱与其控制的固定式用电设备的水平距离不宜超过 3m。

（2）总箱配出线采用放射式和树干式相结合的配电方式，对负荷比较大的配电点可用单独回路配电，对负荷较远又比较小的配电点上的分配电箱可采用树干式配电方式，即总箱中的一路配线先到较近负荷点的分配电箱，再到较远的负荷点分配电箱，一路线上所带的分配电箱数量一般为 2～3 个。

（3）由分配电箱至设备开关箱配线采用放射式或链式配线，

对重要负荷或较大负荷采用放射式单路直配，对较小的负荷可采用链式配线。但每路链接设备不宜超过 5 台，其总容量不宜超过 10kW。

（4）对大容量的电焊机、塔吊和混凝土输送泵，可从总箱以放射式单回路形式直配。

（5）配电系统宜使用三相负荷平衡。220V 或 380V 单相用电设备宜接入 220/380V 三相四线系统；当单相照明线路电流大于 30A 时，宜采用 220/380V 三相四线制供电。

二、配电箱、开关箱的型式

施工现场的开关设备主要体现于由各种开关、电器组合而成的配电箱（柜）、开关箱等，并成为整个临时用电系统的枢纽。为了确保临时用电安全，配电箱（柜）和开关箱必须在技术上采取合理的结构型式。施工现场配电箱的结构型式应与临时用电工程配电线路的类型相适应。配电箱、开关箱外形结构应能防雨、防尘。

1. 配电装置的箱体结构

这里所谓装置的箱体结构，主要是指适合于施工现场用电工程配电系统使用的配电箱（柜）、开关箱的箱体结构。

（1）箱体材料：配电箱、开关箱的箱体应采用冷轧钢板或阻燃绝缘材料制作，钢板厚度应为 1.2～2.0mm，其中开关箱箱体钢板厚度不得小于 1.2mm，配电箱（柜）箱体钢板厚度不得小于 1.5mm，箱体表面应做防腐处理。

（2）配置电器安装板：配电箱、开关箱内配置的电器安装板用以安装所配置的电器和接线端子板等。当铁质电器安装板（包括箱门）与铁质箱体之间采用折页作活动连接时，必须在二者之间跨接编织软铜接地线。

电器安装间距应不小于表 8-1 的规定要求。

表 8-1　配电箱、开关箱内电器安装尺寸选择值

间距名称	最小净距/mm
并列电器（含单极熔断器）间	30
电器进、出线瓷管（塑胶管）孔与电器边沿间	15A，30 20～30A，50 60A 及以上，80
上、下排电器进出线瓷管（塑胶管）孔间	25
电器进、出线瓷管（塑胶管）孔至板边	40
电器至板边	40

（3）加装 N、PE 接线端子板：配电箱、开关箱中应设置 N 线和 PE 线端子板，以防止 N 线和 PE 线混接、混用。进出线中的 N 线必须通过 N 线端子板连接；PE 线必须通过 PE 线端子板连接。

1）N、PE 端子板必须分别设置，固定安装在电器安装板上，并作符号标记，严禁合设在一起。其中 N 端子板与铁质电器安装板之间必须保持绝缘；而 PE 端子板与铁质电器安装板之间必须保持电气连接。当采用铁箱配装绝缘电器安装板时，PE 端子板应与铁质箱体作电气连接。

2）PE 端子板的接线端子数应与箱的进线和出线的总路数保持一致。

3）PE 端子板应采用紫铜板制作。

2. 配电装置的电器配置与接线

（1）在施工现场用电工程配电系统中，配电装置的电器配置与接线要与基本供配电系统和基本保护系统相适应，必须具备以下三种基本功能：

1）电源隔离功能。

2）正常接通与分断电路功能。

3）过载、短路、漏电保护功能（对于分配电箱，漏电保护功能可不要求）。

（2）配电箱、开关箱内的连接线必须采用铜芯绝缘导线。导线绝缘的颜色标志：相线 L_1（A）、L_2（B）、L_3（C）相序的绝缘颜色依次为黄、绿、红色；N 线的绝缘颜色为淡蓝色；PE 线的绝缘颜色为绿/黄双色。任何情况下上述颜色标记严禁混用和互相代用。要求排列整齐；导线分支接头不得采用螺栓压接，应采用焊接并做绝缘包扎，不得有外露带电部分。

（3）配电箱、开关箱的电源进线端严禁采用插头和插座做活动连接。

（4）漏电保护器应装设在总配电箱、开关箱靠近负荷的一侧，且不得用于启动电气设备的操作。

（5）配电箱、开关箱内的电器必须可靠、完好，有合格证与通过“CCC”认证，严禁使用破损、不合格的电器。

3. 总配电箱（柜）的电器配置与接线

（1）总配电箱的电器应具备电源隔离，正常接通与分断电路，以及短路、过载、漏电保护功能。电器设置应符合下列原则：

1）当总路设置总漏电保护器时，还应装设总隔离开关、分路隔离开关以及总断路器、分路断路器或总熔断器、分路熔断器。当所设总漏电保护器是同时具备短路、过载、漏电保护功能的漏电断路器时，可不设总断路器或总熔断器。

2）当各分路设置分路漏电保护器时，还应装设总隔离开关、分路隔离开关以及总断路器、分路断路器或总熔断器、分路熔断器。当分路所设漏电保护器是同时具备短路、过载、漏电保护功能的漏电断路器时，可不设分路断路器或分路熔断器。

3）隔离开关应设置于电源进线端，应采用分断时具有可见分断点，并能同时断开电源所有极的隔离电器。如采用分断时具有可见分断点的断路器，可不另设隔离开关。

4）熔断器应选用具有可靠灭弧分断功能的产品。

5）总开关电器的额定值、动作整定值应与分路开关电器的额定值、动作整定值相适应。

（2）总配电箱应装设电压表、总电流表、电度表及其他需要的仪表。专用电能计量仪表的装设应符合当地供用电管理部门的要求。装设电流互感器时，其二次回路必须与保护零线有一个连接点，且严禁断开电路。电流表与计费电度表不得共用一组电流互感器。

（3）总配电箱的电器接线：采用TN-S接零保护系统时，总配电箱的典型电器配置与接线可有以下几种形式可供参考，如图8-1～图8-3所示。

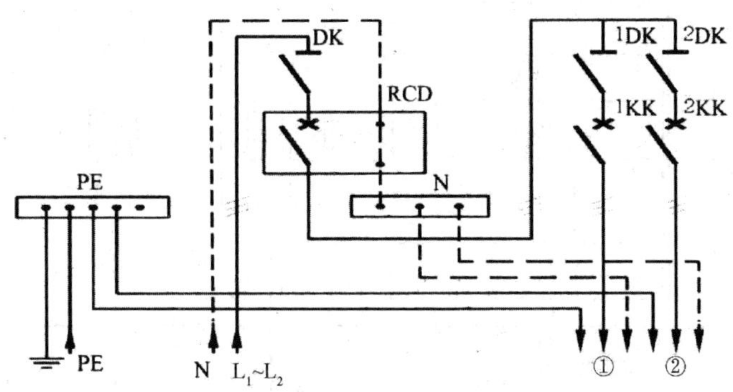

DK、1DK、2DK—电源隔离开关；RCD—漏电断路器；1KK、2KK—断路器。

图8-1　总配电箱电器配置接线一

1）图8-1说明：

① 电气接线图为单线图。

② 配电采用一总路、二分路形式。

③ DK为总电源隔离开关、采用3极刀型开关，设于总电源

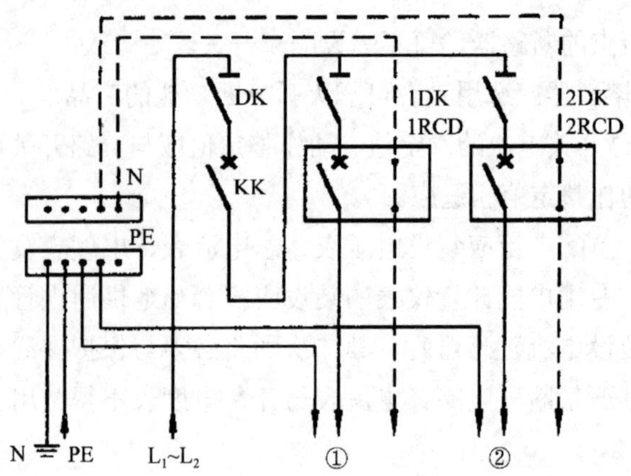

DK、1DK、2DK—电源隔离开关；RCD—漏电断路器；1KK、2KK—断路器。

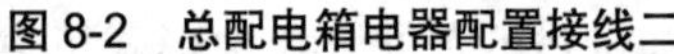
图 8-2　总配电箱电器配置接线二

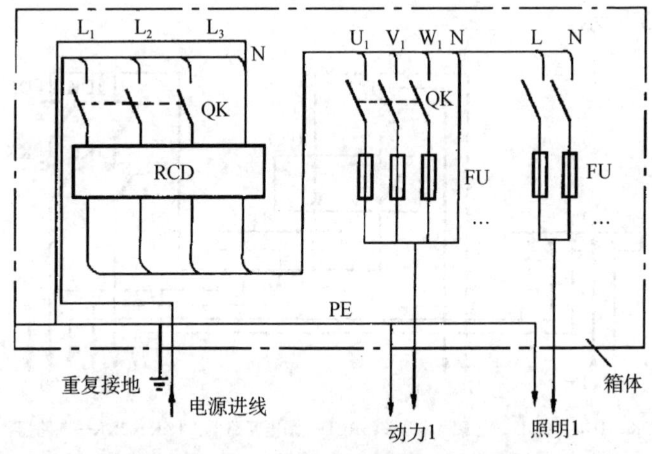

QK—电源隔离开关；RCD—漏电断路器；FU—熔断器。

图 8-3　总配电箱电器配置接线图三

进户端；1DK、2DK 分别为二分路电源隔离开关，均采用 3 极刀型开关，分别设于二分路电源端。

④ RCD 为总漏电断路器（具有过载、短路、漏电保护功能），设于总路电源隔离开关负荷侧，采用 3 极 4 线型产品。

⑤ 1KK、2KK 分别为二分路断路器，分别设于二分路电源隔离开关 1DK、2DK 的负荷侧，均为 3 极型产品。

⑥ 总电源进线为三相五线形式。L_1、L_2、L_3 直接进入总电源隔离开关 DK，N 线直接进入总漏电断路器 RCD 电源侧 N 端，PE 线进入 PE 端子板，PE 端子板接地（PE 线重复接地）。

⑦ 配出二分路均为三相五线形式。其中 N 线均由 N 端子板引出；PE 线均由 PE 端子板引出。

需要特别指出的是，图 8-1 是针对采用三相五线进线、TN-S 接零保护系统设计的。但它对于采用其他进线方式和其他接地保护系统时，仍然具有适用性，只需在电源进户端，将进户线的连接稍作调整。例如，当用于三相四线进户，且采用局部 TN-S 接零保护系统时，因为无专用 PE 线进户，所以图中电源进户端的 PE 线应撤掉，而代之以电源进户端的 N 线，总漏电断路器 RCD 电源端的 N 线则可由 PE 端子板引入，其余不变；当用于三相四线进户，但采用 TT 接地保护系统时，只须将图中电源进户端 PE 线撤掉即可，其余不变。

2）图 8-2 说明：

① 电气接线图为单线图。

② 配电采用一总路、二分路形式。

③ DK 为总电源隔离开关、采用 3 极刀型开关，设于总电源进户端；1DK、2DK 分别为二分路电源隔离开关，均采用 3 极刀型开关，分别设于二分路电源端。

④ 1RCD、2RCD 分别为二分路漏电断路器（具有过载、短路、漏电保护功能），分设于二分路电源隔离开关负荷侧，采用 3 极 4 线型产品。

⑤ KK 为总断路器，设于总电源隔离开关的负荷侧，采用为 3 极型产品。

⑥ 总电源进线为三相五线形式。L_1、L_2、L_3直接进入总电源隔离开关 DK，N 线经 N 端子板分线接二分路漏电断路器 1RCD、2RCD 的电源侧 N 端，PE 线进入 PE 端子板，PE 端子板接地（PE 线重复接地）。

⑦ 配出二分路均为三相五线形式。其中各分路 N 线为分路专用，不得混接，而 PE 线均由 PE 端子板引出。

这里，也需要特别指出，图 8-2 也是针对采用三相五线进线、TN-S 接零保护系统设计的。但它对于采用其他进线方式和其他接地保护系统时，也具有适用性，只需在电源进户端，将进户线的连接稍作调整。例如，当用于三相四线进户，且采用局部 TN-S 接零保护系统时，只需将图中进户 PE 线撤掉，N 线改成 PE 端子板，N、PE 端子板作电气连接即可，其余不变；当用于三相四线进户，但采用 TT 接地保护系统时，也只需将图中进户 PE 线撤掉即可，其余不变。

上述总配电箱电器配置与接线图在电器选配方面，实际上还可有其他等效替代方案。例如，图中的断路器可用熔断器替代；漏电断路器可用断路器或熔断器与只具漏电保护功能的漏电保护器的串接组合取代，而刀型隔离开关亦可选用刀熔开关等，如图 8-3 所示，电源为 TN-C 系统在总配电箱处零线 N 作重复接地并引出 PE 线改造为 TN-C-S 系统形式。

4. 分配电箱的电器配置

（1）分配电箱的电器配置：在采用二级漏电保护的配电系统中，分配电箱中不要求设置漏电保护器，此时分配电箱的电器配置应符合下述原则：

① 总路设置总隔离开关，以及总断路器或总熔断器。

② 分路设置分路隔离开关，以及分路断路器或分路熔断器。

③ 隔离开关设置于电源进线端。

根据这些原则，分配电箱应装设两类电器，即隔离电器和短路与过载保护电器，其配置次序依次是隔离电器、短路与过载保护电器，不可颠倒，如图 8-4 所示。

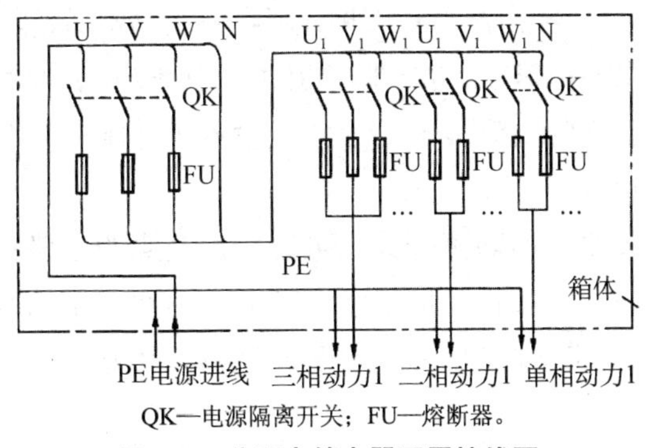

QK—电源隔离开关；FU—熔断器。

图 8-4　分配电箱电器配置接线图

（2）分配电箱电器配置接线说明：

① 分配电箱箱体为铁质材料做成。

② 必须设置 N 线和 PE 线端子板。

③ 熔断器 FU 可用具有短路和过载保护功能的低压断路器代替。

④ PE 线应与铁质箱体做电气连接，且做重复接地。

⑤ 将分路“三相动力”“二相动力”改为单相分路后，可作为照明分配电箱使用，并应力求保持 3 个单相分路负载均匀分配。

动力配电箱与照明配电箱宜分别设置。当合并设置为同一配电箱时，动力和照明应分路配电。

5. 开关箱的电器配置

① 每台用电设备应有各自的开关箱，动力开关箱与照明开关箱必须分设。

② 开关箱必须装设隔离开关、断路器或熔断器，以及漏电保

护器。当漏电保护器同时具有短路、过载、漏电保护功能的漏电断路器时，可不装设断路器或熔断器。隔离开关应采用分断时具有可见分断点，能同时断开电源所有极的隔离电器，并应设置于电源进线端。当断路器具有可见分断点时，可不另设隔离开关。

③ 漏电保护器应安装在隔离开关的负荷侧，严禁用同一个开关电器直接控制 2 台及 2 台以上用电设备（含插座），即“一机一闸一漏一箱”。

④ 开关箱中的隔离开关只可直接控制照明电路和容量不大于 3.0kW 的动力电路，但不应频繁操作。容量大于 3.0kW 的动力电路应采用断路器控制，操作频繁时还应附设接触器或其他启动控制装置。

⑤ 开关箱中各种开关电器的额定值和动作整定值应与其控制用电设备的额定值和特性相适应。

以下介绍两种典型开关箱的电器配置与接线。

（1）三相动力开关箱：一般三相动力开关箱配置与接线如图 8-5 所示。

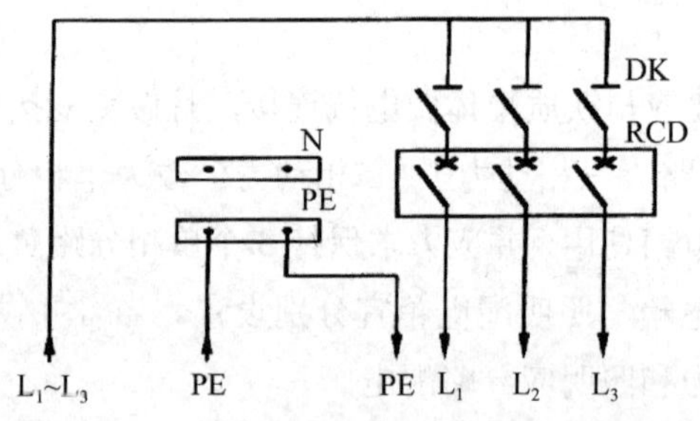

图 8-5　一般三相动力开关箱电器配置接线

图 8-5 说明：

① DK 为电源隔离开关，采用 3 极刀型开关，设于电源进线端。

② RCD 为漏电断路器（具有短路、过载、漏电保护功能），

采用 3 极 3 线型产品。

③ 进线 L_1、L_2、L_3 和 PE。

④ DK 可用刀熔开关替代。

⑤ 当 RCD 只有漏电保护功能时，需在 DK 和 RCD 之间加装断路器或熔断器（加装熔断器时，取用作 5.5kW 以下动力设备的开关箱）。

⑥ 如 PE 线要做重复接地，则只需将 PE 端子板接地即可。

此箱可用作混凝土搅拌机、物料提升机、钢筋机械、木工机械、水泵、桩工机械等设备的开关箱。

（2）单相照明开关箱的电器配置与接线：单相照明开关箱的电器配置与接线如图 8-6 所示。

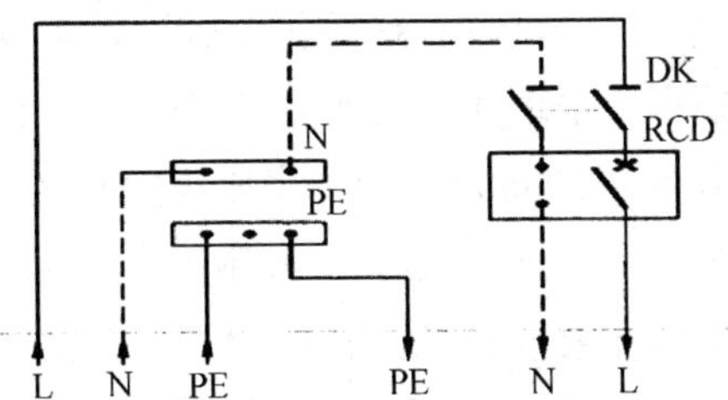

图 8-6　单相照明开关箱的电器配置接线

图 8-6 说明：

① DK 为电源隔离开关，采用 2 极刀型开关，设于电源进线端。

② RCD 为漏电断路器（具有短路、过载、漏电保护功能），采用 1 极 2 线型产品。

③ 进线为 L（L_1 或 L_2 或 L_3）、N 和 PE，出线为 L、N、PE。

④ DK 可用刀熔开关替代。

⑤ 当 RCD 只有漏电保护功能时，需在 DK 和 RCD 之间加装断路器或熔断器。

⑥ 如 PE 线要做重复接地，则只需将 PE 端子板接地即可。

此箱可用作具有金属外罩照明器和单相手持式电动工具的开关箱。

三、配电箱、开关箱的安装

（1）总配电箱应设在靠近电源的地区，分配电箱应装设在用电设备或负荷相对集中的地区。分配电箱与开关箱的距离不得超过 30m，开关箱与其控制的固定式用电设备的水平距离不宜超过 3m。

（2）配电箱、开关箱应装设在干燥、通风及常温场所，不得装设在有严重损伤作用的瓦斯、烟气、潮气及其他有害介质中，亦不得装设在易受外来固体物撞击、强烈振动、液体浸溅及热源烘烤场所。否则，应予清除或做防护处理。落地安装的配电箱和开关箱，设置地点应平坦并高出地面（室内宜高出地面 50mm 以上，室外应高出地面 200mm 以上。底座周围应采取封闭措施，以防止鼠、蛇类等小动物进入箱内），其附近不得堆放杂物。

（3）配电箱和开关箱应安装牢固，便于操作和维修。配电箱、开关箱周围应有足够 2 个人同时工作的空间和通道，不得堆放任何妨碍操作、维修的物品，不得有灌木、杂草。

（4）配电箱、开关箱必须按其正常工作位置安装牢固、稳定、端正。固定式配电箱、开关箱的中心点与地面的垂直距离应为 1.4～1.6m；移动式配电箱、开关箱的中心点与地面的垂直距离宜为 0.8～1.6m。

（5）配电箱、开关箱内的开关电器（含插座），应按其规定的位置紧固在电器安装板上，不得歪斜和松动。箱内安装的接触器、隔离刀开关、断路器等电气设备，应无破损，动作灵活，接触良好可靠，触头无烧蚀现象的合格电器。各种开关、电器的额定电流值应与其控制用电设备额定值相配合。

（6）配电箱、开关箱的进、出线口应配置固定线卡，进出线应加绝缘护套并成束卡固在箱体上，不得与箱体直接接触。移动式配电箱、开关箱的进、出线应采用橡皮护套绝缘电缆，不得有接头。

（7）配电箱、开关箱应采取防雨、防尘措施，用后应将门加锁，防止他人误操作。

四、配电箱、开关箱使用与维护

（1）配电装置的箱（柜）门处均应有名称、用途、分路标记及电气系统接线图，以防误操作。

（2）配电装置均应配锁，并由专人负责。

（3）配电箱、开关箱应定期检查、维修。检查、维修人员必须是专业电工。检查、维修时必须按规定穿、戴绝缘鞋、手套，必须使用电工绝缘工具，并应做检查、维修工作记录。

（4）对配电箱、开关箱进行定期维修、检查时，必须将其前一级相应的电源隔离开关分闸断电，并悬挂“禁止合闸、有人工作”的停电标志牌，严禁带电作业。

（5）配电装置送电和停电时，必须严格遵循下列操作顺序：

送电操作顺序为：总配电箱（配电柜）→分配电箱→开关箱。

停电操作顺序为：开关箱→分配电箱→总配电箱（配电柜）。

如遇发生人员触电或电气火灾等紧急情况，则允许就地、就近迅速切断电源。

（6）施工现场下班或停止工作时，必须将班后不用的配电装置分闸断电并上锁。班中停止作业 1h 及以上时，相关动力开关箱应断电上锁。暂时不用的配电装置也应断电上锁。

（7）开关箱的操作人员必须符合如下规定：

各类用电人员应掌握安全用电基本知识和所用设备的性能，并应符合下列规定：

1）使用电气设备前必须按规定穿戴和配备好相应的劳动防护用品，并应检查电气装置和保护设施，严禁设备带“缺陷”运转。

2）保管和维护所用设备，发现问题及时报告解决。

3）暂时停用设备的开关箱必须分断电源隔离开关，并应关门上锁。

4）移动电气设备时，必须经电工切断电源并做妥善处理后进行。

（8）配电箱、开关箱内不得放置任何杂物，并应保持整洁。

（9）配电箱、开关箱内不得随意挂接其他用电设备。

（10）配电箱、开关箱内的电器配置和接线严禁随意改动。

熔断器的熔体更换时，严禁采用不符合原规格的熔体代替。漏电保护器每天使用前应启动漏电试验按钮试跳一次，试跳不正常时严禁继续使用。

（11）配电箱、开关箱的进线和出线严禁承受外力，严禁与金属尖锐断口、强腐蚀介质和易燃易爆物接触。

第二节　建筑机械和手持式电动工具

一、一般规定

施工现场中电动建筑机械和手持式电动工具的选购、使用、检查和维修应遵守下列规定：

（1）选购的电动建筑机械、手持式电动工具及其用电安全装置符合相应的国家现行有关强制性标准的规定，且具有产品合格证和使用说明书。

（2）建立和执行专人专机负责制，并定期检查和维修保养。

（3）应做好保护接零（地）措施。运行时产生振动的设备的金属基座、外壳与PE线的连接点不少于2处。

（4）应装设高灵敏动作的剩余电流保护装置，使用前必须按“试验”按钮，试验合格后方可投入运行。

（5）按使用说明书使用、检查、维修；维护管理应符合有关规范要求。

（6）塔式起重机、外用电梯、滑升模板的金属操作平台及需要设置避雷装置的物料提升机，除应连接PE线外，还应做重复接地。设备的金属结构构件之间应保证电气连接。

（7）手持式电动工具中的塑料外壳Ⅱ类工具和一般场所手持式电动工具中的Ⅲ类工具可不连接PE线。

（8）电动建筑机械和手持式电动工具的负荷线应按其计算负荷选用无接头的橡皮护套铜芯软电缆，其性能应符合《额定电压450/750V及以下橡皮绝缘电缆》（GB/T 5013.1—2008）中第1部分（一般要求）和第4部分（软线和软电缆）的要求；其截面可按标准的要求选配。

电缆芯线数应根据负荷及其控制电器的相数和线数确定：三相四线时，应选用五芯电缆；三相三线时，应选用四芯电缆；当三相用电设备中配置有单相用电器具时，应选用五芯电缆；单相二线时，应选用三芯电缆。

电缆芯线应符合：电缆中必须包含全部工作芯线和用作保护零线或保护线的芯线。需要三相四线制配电的电缆线路必须采用五芯电缆。五芯电缆必须包含淡蓝、绿/黄两种颜色绝缘芯线。淡蓝色芯线必须用作N线；绿/黄双色芯线必须用作PE线，严禁混用。

（9）每一台电动建筑机械或手持式电动工具的开关箱内，除应装设过载、短路、漏电保护电器外，还应按要求装设隔离开关或具有可见分断点的断路器，以及控制装置。正、反向运转控制装置中的控制电器应采用接触器、继电器等自动控制电器，不得采用手动双向转换开关作为控制电器。电器规格可按《额定电压450/750V及以下橡皮绝缘电缆》（GB/T 5013.1—2008）的要求选配。

二、起重机械

（1）塔式起重机的电气设备应符合《塔式起重机安全规程》（GB 5144—2006）中的要求。

（2）塔式起重机应按要求做重复接地和防雷接地。轨道式塔式起重机接地装置的设置应符合下列要求：

1）轨道两端各设一组接地装置。

2）轨道的接头处做电气连接，两条轨道端部做环形电气连接。

3）较长轨道每隔不大于30m加一组接地装置。

（3）塔式起重机与外电线路的安全距离应符合规范要求。

（4）轨道式塔式起重机的电缆不得拖地行走。

（5）需要夜间工作的塔式起重机，应设置正对工作面的投光灯。

（6）塔身高于30m的塔式起重机，应在塔顶和臂架端部设红色信号灯。

（7）在强电磁波源附近工作的塔式起重机，操作人员应戴绝缘手套和穿绝缘鞋，并应在吊钩与机体间采取绝缘隔离措施，或在吊钩吊装地面物体时，在吊钩上挂接临时接地装置。

（8）外用电梯梯笼内、外均应安装紧急停止开关。

（9）外用电梯和物料提升机的上、下极限位置应设置限位开关。

（10）外用电梯和物料提升机在每日工作前必须对行程开关、限位开关、紧急停止开关、驱动机构和制动器等进行空载检查，正常后方可使用。检查时必须有防坠落措施。

三、桩工机械

（1）潜水式钻孔机电机的密封性能应符合《外壳防护等级（IP代码）》（GB/T 4208—2017）中IP68级的规定。

（2）潜水电机的负荷线应采用防水橡皮护套铜芯软电缆，长度不应小于1.5m，且不得承受外力。

（3）潜水式钻孔机开关箱中的漏电保护器必须符合潮湿场所选用漏电保护器的要求：使用于潮湿或有腐蚀介质场所的漏电保护器应采用防溅型产品，其额定漏电动作电流不应大于15mA，额定漏电动作时间不应大于0.1s。

四、夯土机械

（1）夯土机械开关箱中的漏电保护器必须符合潮湿场所选用漏电保护器的要求。

（2）夯土机械PE线的连接点不得少于2处。

（3）夯土机械的负荷线应采用耐气候型橡皮护套铜芯软电缆。

（4）使用夯土机械必须按规定穿戴绝缘用品，使用过程应有专人调整电缆，电缆长度不应大于50m。电缆严禁缠绕、扭结和被夯土机械跨越。

（5）多台夯土机械并列工作时，其间距不得小于5m；前后工作时，其间距不得小于10m。

（6）夯土机械的操作扶手必须绝缘。

五、焊接机械

（1）电焊机械应放置在防雨、干燥和通风良好的地方。焊接现场不得有易燃、易爆物品。

（2）交流弧焊机变压器的一次侧电源线长度不应大于 5m，其电源进线处必须设置防护罩。发电机式直流电焊机的换向器应经常检查和维护，应消除可能产生的异常电火花。

（3）电焊机械开关箱中的漏电保护器必须符合要求。交流电焊机械应配装防二次侧触电保护器。

（4）电焊机械的二次线应采用防水橡皮护套铜芯软电缆，电缆长度不应大于 30m，不得采用金属构件或结构钢筋代替二次线的地线。

（5）焊机的线圈和线路带电部分对外壳和对地之间、焊接变压器的一次线圈和二次线圈之间、相与相及线与线之间，都必须符合绝缘标准要求，其绝缘电阻值不得小于 1MΩ。若绝缘电阻值低于 1MΩ 时，要进行烘干处理，待合格后方可使用。但电焊机各线圈对电焊机外壳的热态绝缘电阻值不得小于 0.4 MΩ。

（6）使用电焊机械焊接时必须穿戴防护用品。严禁露天冒雨从事电焊作业。

六、手持式电动工具

（1）空气湿度小于 75%的一般场所可选用Ⅰ类或Ⅱ类手持式电动工具，其金属外壳与 PE 线的连接点不得少于 2 处；除塑料外壳Ⅱ类工具外，相关开关箱中漏电保护器的额定漏电动作电流不应大于 15mA，额定漏电动作时间不应大于 0.1s，其负荷线插头应具备专用的保护触头。所用插座和插头在结构上应保持一致，避免导电触头和保护触头混用。

（2）在潮湿场所或金属构架上操作时，必须选用Ⅱ类或由安全隔离变压器供电的Ⅲ类手持式电动工具。金属外壳Ⅱ类手持式电动工具使用时，必须符合上条要求；其开关箱和控制箱应设置在作业场所外面。在潮湿场所或金属构架上严禁使用Ⅰ类手持式电动工具。

（3）狭窄场所必须选用由安全隔离变压器供电的Ⅲ类手持式电动工具，其开关箱和安全隔离变压器均应设置在狭窄场所外面，并连接PE线。漏电保护器的选择应符合使用于潮湿或有腐蚀介质场所漏电保护器的要求。操作过程中，应有人在外面监护。

（4）手持式电动工具的负荷线应采用耐气候型的橡皮护套铜芯软电缆，并不得有接头。

（5）手持式电动工具的外壳、手柄、插头、开关、负荷线等必须完好无损，使用前必须做绝缘检查和空载检查，在绝缘合格、空载运转正常后方可使用。绝缘电阻不应小于表8-2规定的限值。

表8-2　手持式电动工具绝缘电阻限值

测量部位	绝缘电阻/MΩ		
	Ⅰ类	Ⅱ类	Ⅲ类
带电零件与外壳之间	2	7	1

注：绝缘电阻用500V兆欧表测量。

（6）使用手持式电动工具时，必须按规定穿、戴绝缘防护用品。

七、其他电动建筑机械

（1）混凝土搅拌机、插入式振动器、平板振动器、地面抹光机、水磨石机、钢筋加工机械、木工机械、盾构机械、水泵等设备的漏电保护应符合规范要求。

（2）混凝土搅拌机、插入式振动器、平板振动器、地面抹光机、水磨石机、钢筋加工机械、木工机械、盾构机械的负荷线必须采用耐气候型橡皮护套铜芯软电缆，并不得有任何破损或接头。

水泵的负荷线必须采用防水橡皮护套铜芯软电缆，严禁有任何破损和接头，并不得承受任何外力。

盾构机械的负荷线必须固定牢固，距地高度不得小于 2.5m。

（3）对混凝土搅拌机、钢筋加工机械、木工机械、盾构机械等设备进行清理、检查、维修时，必须首先将其开关箱分闸断电，呈现可见电源分断点，并关门上锁。

第九章　施工现场电气照明

第一节　施工现场照明

一、常用照明器

照明器是一种能够提供照明的设备或装置，通常称为照明灯具（以下简称灯具）。现代照明器主要是指以电作为能源的电照明器，其主要组成部分是光源。

照明器作为一种照明设备或装置，不仅能够使光源发出的光线得到充分合理的利用，而且能够为光源的正常工作提供条件，并保护光源免受外界影响，从而保证所需的照明要求。施工现场照明应采用高光效、长寿命的照明光源，常用照明光源有以下几种：

（1）白炽灯。白炽灯是一种借助于电流通过装在真空或惰性气体玻璃泡壳内的钨丝加热到白炽状态而发光的电热辐射光源。在电光源中它的发光效率最低，寿命随灯丝电压的升高而显著降低，随发光效率的增加而减少。白炽灯由于使用方便，价格低，一般作室内照明使用，但光效低，寿命短，应尽量少用该光源。

（2）卤钨灯。卤钨灯是一种在石英玻璃泡内充有卤元素（碘或溴）的白炽光源。当灯内钨丝通电加热使泡壳壁达到一定温度后，从钨丝上蒸发的钨元素就能和卤元素结合成卤化钨分子，然后再回到钨丝附近，被那里的高温分解为钨原子和卤原子，从而形成卤钨循环。这样可有效地抑制钨的蒸发，并提高灯的使用寿命和发光效率。其一般做室内、室外大面积照明使用，由于光效较高，光色好，对照度要求高、照射距离远的场所可选用该种光源。

（3）荧光灯。荧光灯是一种利用管内低压汞蒸气，通电过程中汞原子被电离，辐射出紫外线去激发管内壁上的萤火粉而发出可见光的气体放电灯。荧光灯电源电压的升高和降低都会影响寿命。其一般用作室内照明，由于光效较高，寿命长，光色好，尽量采用该光源。

（4）对需大面积照明的场所，应采用高功率的气体放电光源，如高压汞灯、金属卤化物灯、混光用的卤钨灯、高压钠灯等。其中高压汞灯主要辐射来源于汞原子激发后产生的紫外线和可见光；金属卤化物灯的主要辐射来自各种金属（如铟、镝、铊、钠等）的卤化物在高温下分解后产生的金属蒸气（包括汞）混合物的激发；高压钠灯的辐射来自金属钠蒸气的激发。

二、照明装置的选择

（1）在坑、洞、井内作业、夜间施工或厂房、道路、仓库、办公室、食堂、宿舍、料具堆放场及自然采光差等场所，应设一般照明、局部照明或混合照明。在一个工作场所内，不得只设局部照明。停电后，操作人员需及时撤离的施工现场，必须装设自备电源的应急照明。

（2）现场照明应采用高光效、长寿命的照明光源。对需大面积照明的场所，应采用高压汞灯、高压钠灯或混光用的卤钨灯等。

（3）照明器的选择必须按下列环境条件确定：

1）正常湿度一般场所，选用开启式照明器；有机械碰撞的地方，应采用带有防护罩的灯具。

2）潮湿或特别潮湿场所，选用密闭型防水照明器或配有防水灯头的开启式照明器。

3）含有大量尘埃但无爆炸和火灾危险的场所，选用防尘型照明器。

4）有爆炸和火灾危险的场所，按危险场所等级选用防爆型照明器；控制开关，应采用防爆式开关；非防爆式控制开关不应装设在同一场所并应在安全距离外。

5）存在较强振动的场所，选用防震型照明器。

6）有酸碱等强腐蚀介质场所，选用耐酸碱型照明器。

（4）插口灯座两弹性触头被压缩在使用位置时应有弹性。其具有耐震性能，所以在振动和移动照明的场所应采用插口灯座。螺旋灯座没有特殊的防震结构，因此只能用于固定安装的灯具中，但在螺旋灯座中，电气接触面积较大，可装设大容量灯泡。螺口灯座在灯头旋入时，人手应触不到灯头和灯座的带电部分。

（5）胶木灯座适合于危险场所的屋内使用，但胶木灯座耐潮和耐高温的性能较差，机械强度也较差。在密封式灯具内及灯泡大于 150W 的灯具不得采用胶木灯头。瓷灯座最适合在潮湿的场所内使用，在潮湿和露天的场所最好采用瓷灯座或瓷绝缘的金属灯座。

（6）照明器具和器材的质量应符合国家现行有关强制性标准的规定，不得使用绝缘老化或破损的器具和器材。

（7）无自然采光的地下大空间施工场所，应编制单项照明用电方案。

第二节 照明供电

（1）一般场所宜选用额定电压为 220V 的照明器。

（2）下列特殊场所应使用安全特低电压照明器：

1）隧道、人防工程、高温、有导电灰尘、比较潮湿或灯具离地面高度低于 2.5m 等场所的照明，电源电压不应大于 36V。

2）潮湿和易触及带电体场所的照明，电源电压不得大于 24V。

3）特别潮湿场所、导电良好的地面、锅炉或金属容器内的照明，电源电压不得大于 12V。

（3）使用行灯应符合下列要求：

1）电源电压不大于 36V。

2）灯体与手柄应坚固、绝缘良好并耐热耐潮湿。

3）灯头与灯体结合牢固，灯头无开关。

4）灯泡外部有金属保护网。

5）金属网、反光罩、悬吊挂钩固定在灯具的绝缘部位。

（4）远离电源的小面积工作场地、道路照明、警卫照明或额定电压为 12～36V 的照明场所，其电压允许偏移值为额定电压值的−10%～5%；其余场所电压允许偏移值为额定电压值的±5%。

（5）照明变压器必须使用双绕组型安全隔离变压器，严禁使用自耦变压器。

（6）照明系统宜使三相负荷平衡，其中每一单相回路上，灯具和插座数量不宜超过 25 个，负荷电流不宜超过 15A。并装设熔断电流不大于 15A 的熔断器保护或不大于 16A 的断路器保护。

（7）携带式变压器的一次侧电源线应采用橡皮护套或塑料护套铜芯软电缆，中间不得有接头，长度不宜超过 3m，其中绿/黄双色线只可做 PE 线使用，电源插销应有保护触头。

（8）工作零线截面应按下列规定选择：

1）单相二线及二相二线线路中，零线截面与相线截面相同。

2）三相四线制线路中，当照明器为白炽灯时，零线截面不小于相线截面的 50%。当照明器为气体放电灯时，零线截面按最大负载相的电流选择。

3）在逐相切断的三相照明电路中，零线截面与最大负载相相线截面相同。

第三节　照明装置的安装

（1）安装前应检查照明灯具和器材必须绝缘良好，并应符合现行国家有关标准的规定，不得使用绝缘老化或破损的灯具和器材。

（2）照明灯具的金属外壳必须与 PE 线连接，灯头的绝缘外壳不得有损伤和漏电。

（3）室外 220V 灯具距地面不得低于 3m，室内 220V 灯具距地面不得低于 2.5m。否则，应采用安全电压。

（4）普通灯具与易燃物距离不宜小于 300mm；聚光灯、碘钨灯等高热灯具与易燃物距离不宜小于 500mm，且不得直接照射。达不到规定安全距离时，应采取隔热措施。

（5）路灯的每个灯具应单独装设熔断器保护。灯头线应做防水弯。

（6）荧光灯管应采用管座固定或用吊链悬挂。荧光灯的镇流器不得安装在易燃的结构物上。

（7）碘钨灯及钠、铊、铟等金属卤化物灯具的安装高度宜在

3m 以上，灯线应固定在接线柱上，不得靠近灯具表面。

（8）投光灯的底座应安装牢固，应按需要的光轴方向将枢轴拧紧固定。

（9）螺口灯头及其接线应符合下列要求：

1）灯头的绝缘外壳无损伤、无漏电。

2）相线接在与中心触头相连的一端，零线接在与螺纹口相连的一端。

（10）为确保维修安全，同时也不致影响整个用电单位的用电，所以在变电所内，高压、低压配电设备及母线的正上方，不应安装灯具。当在配电室内裸导体上方布置灯具时，其与裸导体的水平净距不应小于 1m，灯具不得采用吊链和软线吊装。

（11）灯具内的接线必须牢固，灯具外的接线必须做可靠的防水绝缘包扎。

（12）施工用的照明灯具宜采用拉线开关控制，开关安装位置宜符合下列要求：

1）拉线开关距地面高度为 2～3m，与出入口的水平距离为 0.15～0.2m，拉线的出口向下。

2）其他开关距地面高度为 1.3m，与出入口的水平距离为 0.15～0.2m。

（13）灯具的相线必须经开关控制，不得将相线直接引入灯具。严禁在床上装设开关。

（14）对夜间影响飞机或车辆通行的在建工程及机械设备，必须设置醒目的红色信号灯，其电源应设在施工现场总电源开关的前侧，并应设置外电线路停止供电时的应急自备电源。

（15）室内、室外照明线路的敷设应符合规范要求。照明线路应布线整齐，相对固定。照明系统每一单相回路上应装设熔断器作保护。由架空线引入路灯的导线，在灯具入口处应做防水弯；

与干线连接时，其接头应错开50mm以上。

（16）吊链灯具的灯线不应受拉力，防止拉断线芯，要求灯线应与吊链编叉在一起。

（17）软线吊灯的软线两端应做保护扣，两端芯线应搪锡；每盏灯应有一只吊线盒（多管荧光灯和特殊灯具除外），吊灯线绝缘必须良好，不得有接头。

（18）安装灯体引入线时不得拉得过紧，避免导线在引出处被磨伤。

（19）低压照明变压器不允许超负荷运行，应通风良好，其引线尽可能悬挂起来，不应接触金属物体、炽热的管道或其他化学腐蚀剂、潮湿和涂油漆未干的地面，以防止损坏导线，并定期进行外部检查，测量一次和二次绕组及铁芯间绝缘电阻，不应低于0.5MΩ。

（20）导线分色应正确，确保相线进开关，在其断开后灯具上不带电，PE线接外壳。

（21）不应将线路敷设在高温灯具的上部。接入高温灯具的线路应采用耐热导线配线或采取其他隔热措施。要求卤钨灯和功率为100W以上的白炽灯、贴顶灯、光檐照明、嵌入式灯具的引入线应采用瓷管、石棉、玻璃丝等非燃材料作隔热保护。

第四节　插座的选择与安装

一、插座的选择

（1）《通用用电设备配电设计规范》（GB 50055—2011）规定，功率为0.25kW及以下的电感性负荷或1kW及以下的电阻性负荷的日用电器，可采用插头和插座作为隔离电器和兼作功能性开关；《低压配电设计规范》（GB 50054—2011）规定，插头和插座可作为线路的隔离电器，10A 及以下的插头与插座可作为通断电流的操作电器。三相四孔插座专为金属外壳需作保护接地或保护接零的三相电器供电。

（2）插座容量应能满足用电负荷要求，不允许过载。对未知使用设备的插座供电时，应大于总计算负荷电流；对插座的额定电流，已知使用设备者，应大于设备额定电流的 1.25 倍；在通过 1.25 倍额定电流时，其导电部分的温升不应超过 40℃。当分路总熔丝额定电流小于 5A 时，插座的相线上可不装熔断器，否则应在相线上串接熔断器保护。

（3）在潮湿场所，应采用密封良好的防水防溅插座，插座有一个防溅罩盖，插头插入后可放下罩盖，可防止潮气及水滴进入插孔内。

二、插座安装注意事项

（1）插座的插孔接线与排列。插座的接线孔都有一定的排列位置，尤其是单相带保护接地插孔的三孔插座，接错后就容易发生触电事故。插座接线时，应仔细辨认识别盒内分色导线，正确地与插座进行连接。面对插座单相双孔插座在垂直排列时，上孔接相线，下孔接零线；水平排列时，右孔接相线，左孔接零线。单相三孔插座上孔接保护接地（零）线，右孔接相线，左孔接工作零线。安装三相四孔插座，正上方孔接保护接地（零）线，下孔从左侧起分别接在 L_1、L_2、L_3 相线上，同样用途的三相插座，相序应排列一致。插座的接线排列如图 9-1 所示。

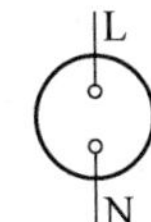

(a) 二孔插座垂直安装

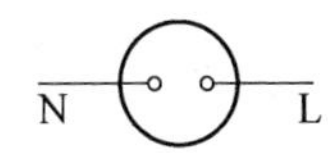

(b) 二孔插座水平安装

(c) 单相三孔插座接线

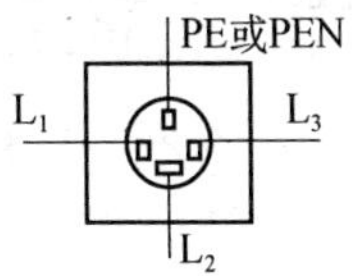

(d) 三相插座接线

L—相线；N—工作中性线；PEN—保护接地中性线；PE—保护接地线；

L_1、L_2、L_3—三相线。

图 9-1　插座的接线排列

（2）插座的接地（零）线要求。插座的接地（零）线应采用铜芯导线，其截面不应小于相线的截面。插座的接地端子不应与零线端子直接连接，不允许用工作零线兼做保护接地（或接零）线，且在接线中应注意其连续性。

（3）临时安装的插座应注意安装高度，且室外还应做好防雨水的措施。

（4）金属壳的插座盒应做保护接地或保护接零。

第十章　施工现场的接地（零）与防雷

第一节　施工现场的接地（零）保护

一、临时施工用电工程的供电方式

建筑施工用电工程的供电方式，根据配电及工程环境条件，一般可有以下两种：

1. 外电线路供电

外电线路供电方式又可分为四种类型：

（1）采用 380/220V 市电低压电网供电。即直接将市电公用低压电子表网 380/220V 电力，以三相四线制型式引入施工用电工程的配电室或总配电箱。

（2）采用邻近 10/0.4kV 变压器低压侧 380/220V 电力，以三相四线制型式引入施工用电工程的配电室或总配电箱。

（3）采用在建工程本身正式的 10/0.4kV 变电所供电。即在工程开工前期先安排正式变电所竣工验收投入使用，暂作建筑施工用电工程的临时电源。

（4）设置专用的 10/0.4kV 现场临时变电所，作为施工专用变电所。

2. 自备电源供电

所谓自备电源供电是指施工现场专设发电机组，其设置主要是作为无法取用外电线路电源或作为外电线路停电时的施工供电电源。

二、接地（零）系统简述

1.《施工现场临时用电安全技术规范》（JGJ 46—2005）的规定

（1）建筑施工现场临时用电工程专用的电源中性点直接接地的 220/380V 三相四线制低压电力系统，必须采用 TN-S 接零保护系统。

（2）当施工现场与外电线路共用同一供电系统时，电气设备的接地、接零保护应与原系统保持一致。不得一部分设备做保护接零，另一部分设备做保护接地。

2. 低压配电系统的接地（零）形式

低压配电系统的接地（零）形式可分为 TN、TT、IT 三种系统。TN 属接零保护系统；TT、IT 属接地保护系统。

第一个字母：“T”表示配电网直接接地，“I”表示配电网不接地或经高阻抗接地；

第二个字母：“N”表示电气设备在正常情况下不带电的金属部分与配电网中性点之间，也即与保护零线之间电气连接，“T”表示电气设备外壳接地；

“C”表示中性导体与保护导体的功能合在一根导体上；

“S”表示中性导体与保护导体是分开的。

3. IT 系统的特点

（1）在 IT 系统中的任何带电部分（包括中性线）严禁直接接

地，如图 10-1 所示。

（2）IT 系统中的电源系统对地应保持良好的绝缘状态。

（3）IT 系统必须装设绝缘监视及接地故障报警或显示装置。

（4）无特殊要求的情况下，IT 系统不宜引出中性线。

（5）IT 系统中的电气设施的外露可导电部分均应通过保护线与接地极（或保护接母线、总接地端子）连接。

（6）IT 系统当有中性线时，电源进线开关应采用四极开关。

（7）IT 系统适用于不间断供电要求高和对地故障电压有严格限制的场所，如应急电源装置、消防、胸腔手术室以及有防火防爆要求的场所。

4. TT 系统的特点

（1）在 TT 系统中，配电变压器中性点直接接地并引出中性线（N）；用电设备金属外壳用保护接地线接至与电源端接地点无关的接地极，故称为三相四线保护接地配电系统，如图 10-2 所示。

L_1
L_2
L_3
阻抗
PE
电力系统接地点
外露可导电部分

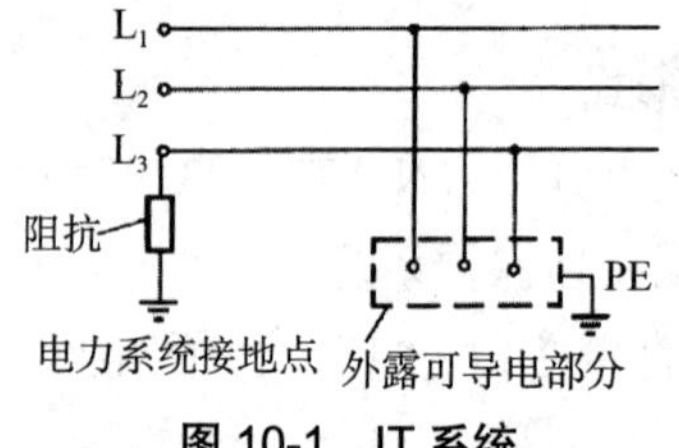

图 10-1 IT 系统

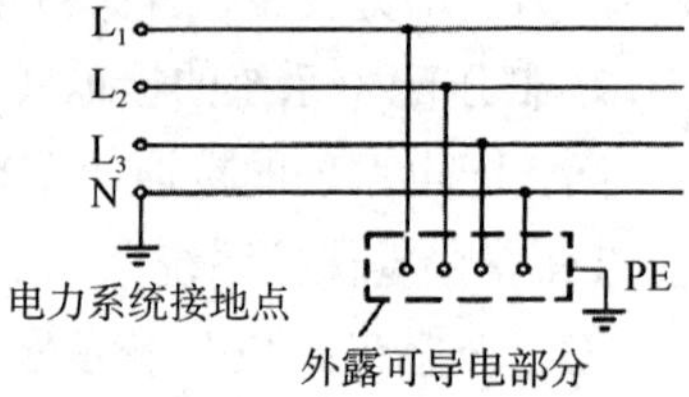

L_1
L_2
L_3
N
PE
电力系统接地点
外露可导电部分

图 10-2 TT 系统

（2）TT 系统中，所有电气设备外露可导电部分宜采用保护线与共用的接地网或保护接地母线、总接地端子相连。

（3）采用 TT 系统必须装设漏电保护装置或过流保护装置，并优先采用前者。

（4）TT 系统的电源进线开关应采用四极开关。

（5）TT 系统的保护性能不及接零保护系统。

（6）TT 系统特别适用于无等电位联结的户外场所、户外照明、户外演出场地、户外集贸市场等场所。当施工现场供电范围较大、较分散，采用 TN-S 系统问题较多时，可考虑采用 TT 系统。

三、低压配电系统接零保护方式

低压配电系统的接零保护系统，又称为 TN 系统，TN 系统按接线型式又可分为 TN-C、TN-S、TN-C-S 三种。

1. N 线、PE 线、PEN 线、重复接地概念

中性线（N 线）：与电源系统中性点相连并能起传输电能作用的导线。

保护线（PE 线）：为满足某些故障情况下电击保护措施所要求的用来将以下任何部分作电气连接的导线：外露导电部分、装置外导电部分、总接地端子、接地线、电源接地点或人工接地点。

保护中性线（PEN 线）：起中性线（N）和保护线（PE）两种作用的接地导线。

重复接地：在中性点直接接地的低压配电系统中采用保护接零时，将保护接零线上的一点或多点再次与大地做可靠的连接，称为重复接地。

2. TN-C 系统特点

（1）在 TN-C 系统中，配电变压器中性点直接接地并引出 PEN 线，整个系统的中性线与保护线是合一的，但支线部分的 PE 线与 N 线不能共用，故称为三相四线保护接零配电系统，如图 10-3 所示。

（2）在 TN-C 系统中，所有电气设备外露可导电部分均采用保护接零。

（3）TN-C 系统严禁采用四极开关。

（4）TN-C 系统干线首端不能装设漏电保护开关（因为设备外壳采用保护接 N 线，而设备对地往往不绝缘，正常情况下的剩余

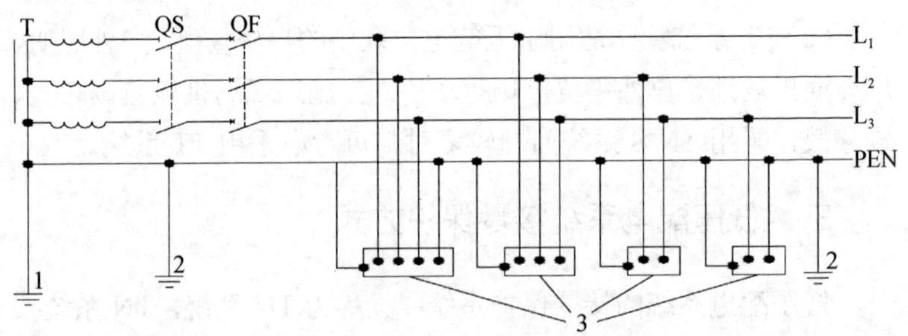

1—工作接地；2—PEN 线重复接地；3—电气设备金属外壳（正常不带电的外露可导电部分）；L_1、L_2、L_3—相线；PEN—保护中性线；QS—总电源隔离开关；QF—总断路器；T—变压器。

图 10-3　配电变压器供电时 TN-C 接零保护系统

电流会导致漏电保护开关无法维持正常工作，所以不能装漏电开关，只能采用零序过流保护），无法切除一相接地故障，这是 TN-C 系统的一大缺点。

（5）TN-C 系统正常运行时，PEN 线会存在一定电位，线路距离较长时，有时可达 50V 以上的危险电位；发生一相碰壳时，碰壳处电位≥110V。

（6）TN-C 系统三相回路 N 干线断开后，由于三相不对称，导致零位偏移，轻负荷相电压升高、其所接的单相设备可能烧毁、重负荷相电压降低、其所接的单相设备可能无法正常工作，且用电设备外壳接零，使外壳带电危及人身安全。单相回路中 N 线断开，全部 220V 电压将加到电设备外壳上。

（7）TN-C 系统应将 N 线重复接地，可降低零线电位和故障时的电气设备外壳电位，但并不能消除触电的危险。

（8）TN-C 系统安全水平较低。适用于设有单相 220V，携带式、移动式用电设备，而固定式 220V 用电设备较少，有专业人员维护管理的一般性工业厂房和场所。《施工现场临时用电安全技术规范》（JGJ 46—2005）规定，施工临时用电系统不得直接使用 TN-C 接零系统，而应改造成 TN-C-S 接零系统形成局部的 TN-S 接零系统形。

3. TN-S 系统特点

（1）在 TN-S 系统中，专用施工变压器中性点直接接地并分别单独引出 N 线和 PE 线，整个系统的中性线（N）与保护线（PE）是分开的，故俗称为三相五线保护接零配电系统，如图 10-4 所示。

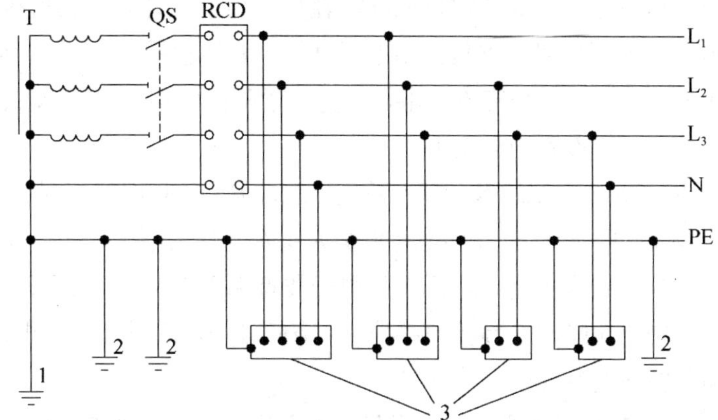

1—工作接地；2—PE 线重复接地；3—电气设备金属外壳（正常不带电的外露可导电部分）；L_1、L_2、L_3—相线；PEN—保护中性线；N—工作零线；PE—保护零线；QS—总电源隔离开关；RCD—总漏电保护器（兼有短路、过载、漏电保护功能的漏电断路器）；T—变压器。

图 10-4　专用变压器供电时 TN-S 接零保护系统

（2）在 TN-S 系统中，所有电气设备外露可导电部分均通过 PE 干线保护接零。

（3）TN-S 系统正常运行时，N 线会存在一定电位，但 PE 线为零电位，无电流通过，故 TN-S 系统设备外壳为零电位。

（4）在 TN-S 系统中，N 线与 PE 线必须严格分开，不能混接、错接。

（5）在 TN-S 系统中，装设漏电开关，正常工作时，漏电开关无剩余电流（实际上有稍许的正常剩余电流）；当发生一相碰壳时，碰壳处电位≥110V，会有较大的剩余电流流过漏电开关而动作。

故当相间短路保护装置灵敏度不够时，可装设漏电开关来保护单相碰壳短路。

（6）TN-S 系统除具有 TN-C 系统相同的特点外，可在各级线路首端装设漏电开关来切除故障线路。

（7）TN-S 系统三相回路断 N 干线断开，与 TN-C 系统一样，由于三相不对称，导致零位偏移，轻负荷相电压升高、其所接的单相设备可能烧毁、重负荷相电压降低、其所接的单相设备可能无法正常工作，但外壳不带电，人身无危险；单相回路中 N 线断开，对人身和设备均无危害。

（8）TN-S 系统的 N 线不应重复接地，但 PE 线可以重复接地。

因为此时 N 线重复接地对保护人身安全作用不大，对断零后保护安全作用也不明显，反而使得干线首端不能装设漏电保护而降低了安全功能。PE 线重复接地，可降低碰壳短路时外壳的电位，有利于保护人身安全。

（9）TN-S 系统安全性能最好，但费用较高，在施工现场采用是一种较为安全的接零保护方式；适用于设有变电所的工业企业、建筑企业、高层建筑、大型公共建筑、医院、有爆炸和火灾危险的厂房和场所、办公楼和科研楼、计算机站、通信局（站）以及一般住宅、商店等民用建筑。

4. TN-C-S 系统特点

（1）在 TN-C-S 系统中，配电变压器中性点只单独引出 PEN 线，同 TN-C 系统一样，构成三相四线保护接零配电系统；在某一位置（一般为进户处），因配电需要专门从 PEN 干线上引出专用保护 PE 线，形成一个局部的三相五线保护接零配电系统，如图 10-5 所示。

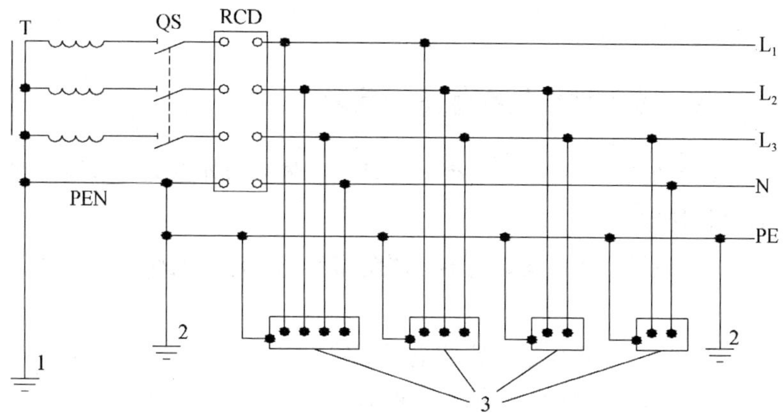

1—工作接地；2—PE 线重复接地；3—电气设备金属外壳（正常不带电的外露可导电部分）；L_1、L_2、L_3—相线；N—工作零线；PE—保护零线；QS—总电源隔离开关；RCD—总漏电保护器（兼有短路、过载、漏电保护功能的漏电断路器）；T—变压器。

图 10-5　TN-C-S 系统接零保护系统

（2）在 TN-C-S 系统中，有一部分中性线与保护线是合一的，有一部分中性线与保护线是分开的；当保护线（PE）与中性线（N）分开后就不能再合并，且中性线绝缘水平应与相线相同。

（3）TN-C-S 系统用电设备外壳电位不为零，等于 N 干线电位。

（4）TN-C-S 系统，PE、N 线共用干线段不能采用漏电保护；PE、N 线分开的线段可用漏电保护，用电设备可用漏电保护。

（5）TN-C-S 系统，PEN 线断开，人身有危险、设备有烧毁可能；N 线断开，人身无危险、设备有烧毁可能。

（6）TN-C-S 系统的 PEN 线应重复接地，N 线不宜重复接地，PE 线可以重复接地。

（7）TN-C-S 系统安全性较 TN-S 系统低、较 TN-C 系统高。适用于不设附设变电所的工业企业与一般民用建筑，当负荷端装有漏电开关、干线末端装有断零保护时，也可用于新建住宅小区；当施工现场未设专用施工变压器、利用附近 TN-C 电源系统时，可以采用 TN-C-S 系统。

四、施工现场接零保护的要求

（1）在 TN 系统中，下列电气设备不带电的外露可导电部分应做保护接零：

1）电机、变压器、电器、照明器具、手持式电动工具的金属外壳。

2）电气设备传动装置的金属部件。

3）配电柜与控制柜的金属框架。

4）配电装置的金属箱体、框架及靠近带电部分的金属围栏和金属门。

5）电力线路的金属保护管、敷线的钢索、起重机的底座和轨道、滑升模板金属操作平台等。

6）安装在电力线路杆（塔）上的开关、电容器等电气装置的金属外壳及支架。

（2）城防、人防、隧道等潮湿或条件特别恶劣施工现场的电气设备必须采用保护接零。

（3）在 TN 系统中，下列电气设备不带电的外露可导电部分，可不做保护接零：

1）在木质、沥青等不良导电地坪的干燥房间内，交流电压 380V 及以下的电气装置金属外壳（当维修人员可能同时触及电气设备金属外壳和接地金属物件时除外）。

2）安装在配电柜、控制柜金属框架和配电箱的金属箱体上，且与其可靠电气连接的电气测量仪表、电流互感器、电器的金属外壳。

3）移动式发电机系统接地应符合电力变压器系统接地的要

求。下列情况可不另做接零保护：

① 移动式发电机和用电设备固定在同一金属支架上，且不供给其他设备用电时。

② 不超过 2 台的用电设备由专用的移动式发电机供电，供、用电设备间距不超过 50m，且供、用电设备的金属外壳之间有可靠的电气连接时。

五、施工现场接零保护的规定

（1）在施工现场专用变压器供电的 TN-S 接零保护系统中，电气设备的金属外壳必须与保护零线连接。保护零线应由工作接地线、配电室（总配电箱）电源侧零线或总漏电保护器电源侧零线处引出。

（2）当施工现场与外电线路共用同一供电系统时，且采用 TN 系统做保护接零时，工作零线（N 线）必须通过总漏电保护器，保护零线（PE 线）必须由电源进线零线重复接地处或总漏电保护器电源侧零线处，引出形成局部 TN-S 接零保护系统。

（3）在 TN 接零保护系统中，通过总漏电保护器的工作零线与保护零线之间不得再做电气连接。

（4）在 TN 接零保护系统中，PE 零线应单独敷设。

（5）使用一次侧由 50V 以上电压的接零保护系统供电，二次侧为 50V 及以下电压的安全隔离变压器时，二次侧不得接地，并应将二次线路用绝缘管保护或采用橡皮护套软线。

当采用普通隔离变压器时，其二次侧一端应接地，且变压器正常不带电的外露可导电部分应与一次回路保护零线相连接。

以上变压器还应采取防直接接触带电体的保护措施。

（6）施工现场的临时用电电力系统严禁利用大地做相线或零线。

（7）保护零线必须采用绝缘导线。

配电装置和电动机械相连接的 PE 线应为截面不小于 2.5mm^2 的绝缘多股铜线。手持式电动工具的PE线应为截面不小于1.5mm^2 的绝缘多股铜线。

（8）PE 线上严禁装设开关或熔断器，严禁通过工作电流，且严禁断线。

（9）相线、N 线、PE 线的颜色标记必须符合以下规定：相线 L_1（A）、L_2（B）、L_3（C）相序的绝缘颜色依次为黄色、绿色、红色；N 线的绝缘颜色为淡蓝色；PE 线的绝缘颜色为绿/黄双色。任何情况下上述颜色标记严禁混用和互相代用。

（10）为提高保护零线的可靠性，防止保护零线接错、断线，故接引至电气设备的工作零线与保护零线必须分开。

（11）保护零线和相线的材质应相同，保护零线的最小截面应符合表 10-1 的要求。

表 10-1　PE 线截面与相线截面的关系

相线芯线截面 S/mm^2	PE 线最小截面/mm^2
$S \leqslant 16$	S（最小截面不小于 2.5）
$16 < S \leqslant 35$	16
$S > 35$	$S/2$

（12）接引至移动式电动工具或手持式电动工具的保护零线必须采用铜芯软线，其截面不宜小于相线的 1/3，且不得小于 1.5mm^2。

（13）为了不因某一设备保护零线接触不良或断线而使以下所有设备失去保护，故用电设备的保护零线应并联接地，并严禁串联接地或接零。

（14）当施工现场不单独装设低压侧为 380/220V 中性点直接接地的变压器而利用原有供电系统时，电气设备应根据原系统要求做保护接零或保护接地，不得有的设备实施保护接地，而有的设备实施保护接零。

（15）保护地线或保护零线应采用焊接、压接、螺栓连接或其他可靠方法连接，严禁缠绕或钩挂。

六、重复接地的有关规定

（1）上述三种保护接零方式中，PEN 线、PE 线可以并应采用重复接地，单独敷设的 N 线不允许再做重复接地。

（2）重复接地线必须与 PE 线相连接，严禁与 N 线相连接。

（3）TN 系统中的保护零线除必须在配电室或总配电箱处做重复接地外，还必须在配电系统的中间处和末端处做重复接地。

（4）在 TN 系统中，保护零线每一处重复接地装置的接地电阻值不应大于 10Ω；在工作接地电阻值允许达到 10Ω 的电力系统中，所有重复接地的等效电阻值不应大于 10Ω；在工作接地电阻值允许达到 30Ω 的电力系统中，所有重复接地的等效电阻值不应大于 30Ω。

（5）做防雷接地机械上的电气设备，所连接的 PE 线必须同时做重复接地，同一台机械电气设备的重复接地和机械的防雷接地可共用同一接地体，但接地电阻应符合重复接地电阻值的要求。

（6）架空线路终端、总配电盘及区域配电箱与电源变压器的距离超过 50m 以上时，其保护零线（PE 线）应做重复接地，接地电阻值不应大于 10Ω，以减少设备外壳带电时的对地电压。

第二节　施工现场的防雷接地

一、建筑工地的防雷接地措施

建筑工地，尤其是高大建筑物的施工工地的防雷保护十分重要，因建筑物施工工地凸出很高的起重机、卷扬机、脚手架等容易遭受雷击，竹木堆积又多，万一遭受雷击，会危及施工人员的安全，同时也容易发生火灾。

1. 建筑工地一般采取的防雷接地措施

（1）接地网设置：

1）利用建筑物的接地装置做接地网。这是一种比较节省的方法。

① 提前考虑防雷施工，为了节约钢材，应按照正式设计图纸的要求，首先做好全部接地装置。

② 在开始架设结构骨架时，应按图纸规定，将混凝土的主筋与接地装置焊接，以便施工期间柱顶遭受雷击时的雷电流安全流散入地。

③ 按施工平面布置图、脚手架平面布置图按规定要求、在合适的位置用截面不小于（25×4）mm^2 的镀锌扁钢引出临时接地连接线。

2）当无法与建筑物的接地装置连接时，应单独设置临时人工接地网。人工接地网的设置要视具体情况而定。一般大型建筑工地的设置方法是：

① 人工接地装置不得采用铝导体做接地体或地下接地线。垂直接地体宜采用角钢、钢管或光面圆钢，不得采用螺纹钢。接地

可利用自然接地体，但应保证其电气连接和热稳定。规格如表 10-2 所示。

表 10-2　人工接地装置规格

<table>
<tr><th>类别</th><th>材料</th><th colspan="2">规格</th><th>接地体间距</th><th>埋深</th></tr>
<tr><td rowspan="3">垂直接地体</td><td>角钢</td><td>厚度≥4mm</td><td rowspan="3">一般长度不应小于2.5mm</td><td rowspan="5">间距及水平接地体间的距离宜为5m，受限制时可适当减少</td><td rowspan="5">其顶部中地面应在冻土层以下并应不小于0.5m</td></tr>
<tr><td>钢管</td><td>壁厚≥3.5mm</td></tr>
<tr><td>圆钢</td><td>直径≥10mm</td></tr>
<tr><td rowspan="2">水平接地体</td><td>扁钢</td><td colspan="2">截面≥100mm²，厚度≥4mm</td></tr>
<tr><td>圆钢</td><td colspan="2">直径≥10mm</td></tr>
</table>

注：在腐蚀性较强的土壤中，应采取热镀锌等防腐措施或加大截面。

② 接地装置的设置应考虑土壤干燥或冻结等季节变化的影响，并应符合表 10-3 的规定。

表 10-3　接地装置的季节系数 ϕ 值

埋深/m	水平接地体	长 2～3m 的垂直接地体
0.5	1.4～1.8	1.2～1.4
0.8～1.0	1.25～1.45	1.15～1.3
2.5～3.0	1.0～1.1	1.0～1.1

注：大地比较干燥时，取表中较小值；比较潮湿时，取表中较大值。

③ 环建筑物接地装置按脚手架上的连续长度的需要与现场实际布局设置，接地极埋入地下的最高点，应在地面 500mm 下，水平接地体宜采用截面不小于（25×4）mm^2 的扁钢或直径不小于 10mm 的圆钢，埋设时应将新填土夯实。蒸汽管道或烟囱风道附近经常受热的土层内，位于地下水位以上的砖石焦渣或砂子内，以及特别干燥的土层内不宜埋设接地极。接地极的根数由接地电阻要求与土壤电阻率大小决定。

④ 接地引出线的方法同上。

3）接地电阻：

① 仅作为防雷接地时，施工现场内所有防雷装置的冲击接地电阻值不得大于 30Ω。

② 考虑电气设备的重复接地时，接地电阻值不得大于 10Ω。

③ 与施工变压器工作接地共网时：变压器总容量超过 100kVA 时，接地电阻值不得大于 4Ω；若容量不超过 100kVA，则接地电阻值不得大于 10Ω；在土壤电阻率大于 1 000Ω·m 的地区，当达到上述接地电阻值有困难时，接地电阻值可提高到 30Ω。

（2）接闪器即避雷针的设置：

1）接闪器规格：针长 1m 以下：圆钢直径不小于 12mm，钢管直径不小于 20mm；

针长 1～2m：圆钢直径不小于 16mm，钢管直径不小于 25mm；

烟囱顶上的针：圆钢直径不小于 20mm，钢管直径不小于 40mm。

2）在建筑物四角或距离较远的拐角的脚手架立竿上，应设置高度不小于 1m 的接闪器，并应将最上层所有的横竿连通，形成避雷网络。在垂直运输架上安装避雷针时应将一侧的中间立竿接高出顶端不小于 2m，在该立竿下端设置接地线，并将设备外壳牢靠接地。

3）除塔式起重机可不另设接闪器外，施工现场内的起重机、井字架、龙门架等机械设备、高大架，若在相邻建筑物、构筑物的防雷装置的保护范围之外，则按表 10-4 规定，应装设 1～2m 的接闪器。当最高机械设备上避雷针（接闪器）的保护范围能覆盖其他设备，且又最后退出现场，则其他设备可不设防雷装置。

表 10-4　施工现场内机械设备和高架设施需安装防雷装置的规定

地区年平均雷暴日 n/d	机械设备高度 h/m
$n \leqslant 15$	$h \geqslant 50$
$15 \leqslant n < 40$	$h \geqslant 32$
$15 \leqslant n < 90$	$h \geqslant 20$
$n \geqslant 90$ 及雷害特别严重的地区	$h \geqslant 12$

（3）引下线：

① 引下线即接地线，应采用直径不小于 8mm 的圆钢或不小于 48mm^2、厚度≥4mm 的扁钢。烟囱引下线，应采用直径不小于 12mm 的圆钢或不小于 100mm^2、厚度≥4mm 的扁钢，宜优先采用圆钢。

② 接地线的连接要绝对接触可靠，应采用焊接、压接、螺栓连接或其他可靠方法连接。严禁缠绕或钩挂。连接时应将接触表面的油漆及氧化层清除，露出金属光泽，并涂中性凡士林。接地线与接地极的连接最好用焊接，焊接点的长度应为接地线直径的 6 倍以上或扁钢宽度的 2 倍以上，焊缝要饱满无虚焊。如用螺栓连接，接触面不得小于接地线截面积的 4 倍，拼接螺栓不小于 M10。

③ 引下线应选择最短路径接地。

④ 利用混凝土钢筋、钢构件作引下线应作电气连接。

⑤ 每一接地装置的接地线应采用 2 根及以上导体，在不同点与接地体做电气连接。

⑥ 独设引下线宜在各引下线上距地面 0.3～1.8m 设断接卡作接地电阻检测用。利用混凝土钢筋作引下线，应在各引下线上距地面 0.3m 处设连接板作接地电阻检测用，连接板处宜有明显标志。

⑦ 在易受机械损坏和防止人身接触的地方，地面上 1.7m 至地面下 0.3m 的一段接地线应暗敷或采取保护措施。

（4）施工现场对该地区的雷暴日不甚了解时，对表 10-2 的执行带来了实际困难，因此施工现场和临时生活区的高度，一般在 20m 及以上的井字架、脚手架、正在施工的建筑物以及起重机、机具、烟囱、水塔等设施，均应设置防雷接地保护。高度在 20m 以上的大钢模板，就位后应及时与建筑物的接地线连接。

（5）落地式外脚手架必须沿外架纵向每隔 30m 设置一处防雷接地，内外立杆必须同时做电气连接。悬挑架要与主体结构做电气连接。

（6）机械设备的防雷引下线可利用该设备的金属结构体，但应有可靠的电气连接，并将金属结构体接于接地装置上。水平移动的起重机械，其四个轮轴足以起到压力接点的作用，应将其滑行用钢轨接到接地装置上。

（7）安装避雷针的机械设备所用动力、控制、照明、信号及通信等线路，应采用钢管敷设，并将钢管与该机械设备的金属结构作电气连接。

（8）做防雷接地机械上的电气设备，所连接的 PE 线必须同时做重复接地。

（9）将施工现场正在绑扎钢筋的各层地面，构成一个等电位面，以避免遭受雷击时形成跨步电压。由室外引来的临时的或永久的各种金属管道及电缆金属铠装，都要在进入建筑物的进口处，就近连接到接地装置上，并把电气设备的金属构架及外壳，也应连到接地装置上，否则施工期间遇有雷击时，操作人员应立即撤离。

（10）低压配电室的室外进线和出线处，应将其支持绝缘子的铁脚做防雷接地，可直接与配电室的接地装置相连接。对土壤电阻率低于 200Ω • m 处的混凝土电杆可不另设防雷接地装置。

（11）位于山区或多雷地区的变电所、配电所施工，应结合永久性防雷装置装设独立避雷针；高压架空线路及变压器高压侧应装设避雷器或放电间隙。

（12）移动式发电机供电的用电设备，其金属外壳或底座应与发电机电源的接地装置有可靠的电气连接。

（13）在有静电的施工现场内，对集聚在机械设备上的静电应采取接地泄漏措施。每组专设的静电接地体的接地电阻值不应大于 100Ω，高土壤电阻率地区不应大于 1 000Ω。

（14）低压用电设备的保护地线可利用金属构件、钢筋混凝土构件的钢筋等自然接地体，但严禁利用输送可燃液体、可燃气体或爆炸性气体的金属管道作为保护地线。

（15）利用自然接地体作保护地线时应符合下列要求：

1）保证其全长为完好的电气通路。

2）利用串联的金属构件作保护地线时，应在金属构件之间的串接部位焊接金属连接线，其截面不得小于 $100mm^2$。利用自然接地体施工方便、接地可靠、节约材料。运行经验证明，在土壤电阻率较低的地区，利用自然接地体后，可不另作人工接地。

（16）用电设备的保护地线应并联接地，严禁串联接地。

2. 设置防雷接地装置的注意事项

（1）接地装置在设置前要根据接地电阻限值、土的湿度和导电特性等进行设计，对接地方式和位置选择，接地极和接地线的布置、材料选用、连接方式、制作和安装要求等作出具体规定。装设完成后要用接地电阻仪测定是否符合要求。

（2）接地线的位置应选择人们不易走到的地方，以避免和减少跨步电压的危害，防止接地线遭受机械损伤，接地极应和其他金属或电缆之间保持 3m 或以上的距离。

（3）接地装置的使用期在 6 个月以上时，不宜在地下利用裸铝导线作为接地极或接地线。在有强腐蚀性土壤中，应使用镀锌的接地极。

（4）实际施工中，施工单位钢脚手架的连接一般未完全实现电气连接，所以，施工期间遇有雷击时，钢脚手架上的操作人员应立即撤离。

二、防雷装置接闪器保护范围

《建筑物防雷设计规范》（GB 50057—2010）对第一类、第二类、第三类防雷建筑物的滚球半径分别确定为 30m、45m、60m。一般施工现场在年平均雷暴日大于 15d 的地区，高度在 15m 及以上的高耸建构筑物和高大建筑机械；或在年平均雷暴日小于或等于 15d 的地区，高度在 20m 及以上的高耸建构筑物和高大建筑机械，可参照第三类防雷建筑物设置防雷装置。

滚球法是以 h_r 为半径的一个球体，沿需要防直击雷的部位滚动，当球体只触及接闪器（包括被利用作为接闪器的金属物），或只触及接闪器和地面（包括与大地接触能承受雷击的金属物），而不触及需要保护的部位时，则该部分就得到接闪器的保护。

（1）当采用避雷针时，应按不同建筑防雷类别的滚球半径 h_r，采用滚球法计算避雷针的保护范围。单支避雷针（接闪器）的保护范围应按下列方法确定：

1）当避雷针高度（h）小于或等于滚球半径 h_r 时，如图 10-6 所示，避雷针在被保护物高度的 XX' 面上的保护半径和在地面上的保护半径可按下列公式确定：

$$r_x = \sqrt{h(2h_r - h)} - \sqrt{h_x(2h_r - h_r)}$$

$$r_0 = \sqrt{h(2h_r - h)}$$

式中，h ——避雷针高度，m；

h_x——被保护物高度，m；

r_x——在被保护物高度的 XX' 平面上的保护半径，m；

r_0——在地面上的保护半径，m；

h_r——滚球半径，m。

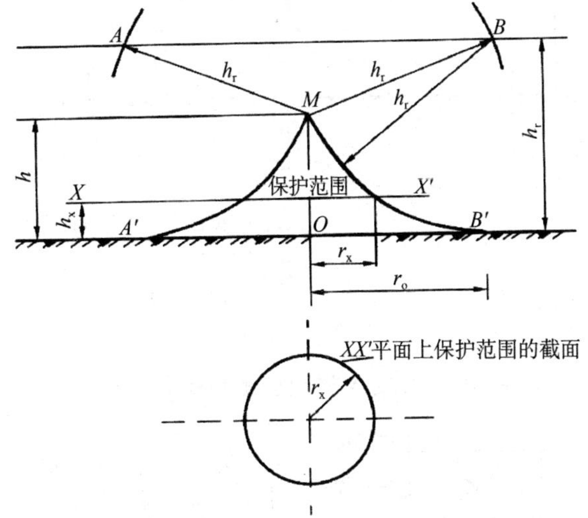

图 10-6　单支避雷针的保护范围（$h \leq h_r$）

2）当避雷针高度（h）大于滚球半径（h_r）时，如图 10-7 所示，避雷针在被保护物高度的 XX'平面上的保护半径和在地面上的保护半径可按下列公式确定：

$$r_x = h_r - \sqrt{h(2h_r - h_x)}$$

$$r_0 = h_r$$

（2）按照滚球法，单根避雷线（接闪器）的保护范围应按下列方法确定：

当避雷线的高度大于或等于 2 倍滚球半径时，无保护范围；当避雷线的高度小于 2 倍滚球半径时，如图 10-8 所示，滚球半径的两圆弧线（柱面）与地面之间的空间即为保护范围。

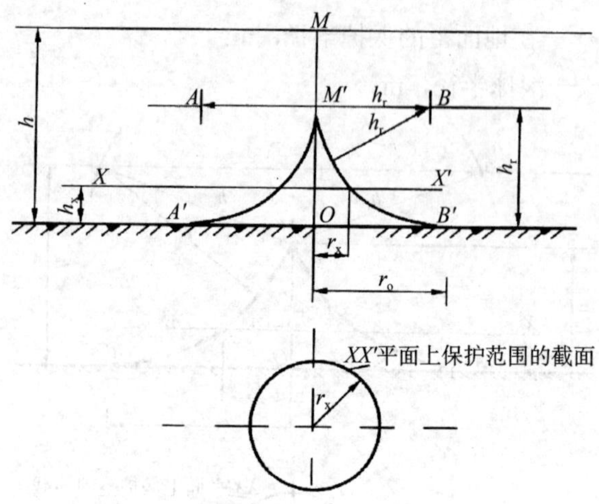

图 10-7　单支避雷针的保护范围（$h>h_r$）

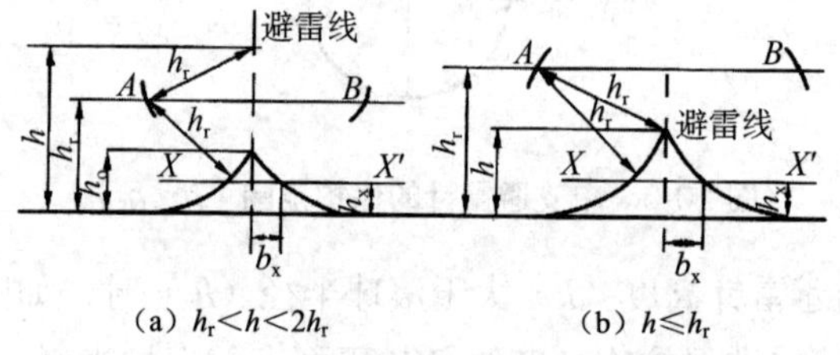

图 10-8　单根架空避雷线的保护范围

当 $h_r<h<2h_r$ 时，保护范围最高点的高度 h_0 可按下式计算：

$$h_0=2h_r-h$$

当 $h\leqslant h_r$ 时，保护范围最高点的高度即为 h：$h_0=h$

避雷线在 h 高度的 XX'平面上的保护宽度 b_x 可按下式计算：

$$b_x=\sqrt{h(2h_r-h)}-\sqrt{h_x(2h_r-h_x)}$$

避雷线两端的保护范围按单支避雷针的方法确定。

多支避雷针和多根避雷线的保护范围可按《建筑物防雷设计规范》（GB 50057—2010）的相关规定执行。

第十一章　施工现场临时用电管理

第一节　施工现场组织管理

一、临时用电的施工组织设计

临时用电设备在 5 台及以上或设备总容量在 50kW 及以上者，应编制临时用电施工组织设计；无自然采光的地下大空间施工场所，应编制单项照明用电方案。临时用电设备在 5 台以下和设备总容量在 50kW 以下者，应制订安全用电技术措施和电气防火措施。

1. 临时用电施工组织设计的内容和步骤

（1）现场勘测。

现场勘测应落实的工作内容主要包括：

① 了解和熟悉现场情况，征求有关部门意见。

② 了解并收集总平面布置图与施工组织设计有关资料。

③ 落实现场附近单位或部门是否能提供现成的、可靠的、能满足要求的施工电源。

④ 了解工程所在地的供电部的供电规划。

⑤ 了解当地供电部门提供给本工程的供电方案：电压等级、负荷容量、供电方式、补偿方式与要求、环网情况与方式、计量

方式、系统接地形式等。

⑥ 了解供电电源距本工程距离，线路引入方向、引入点；明确设计分界点。

⑦ 本工程供电电源线路敷设方式（电缆或架空）、型号规格的特殊要求。

⑧ 了解当地供电部门对供配电设备、设施的准入（选型、采购）、检验检测、整定调试等特殊要求。

⑨ 电价取费标准与分类。

⑩ 其他有关要求。

（2）确定电源进线、变电所、配电装置、用电设备位置及线路走向。

电源进线、变电所、配电装置、用电设备位置及线路走向的确定要依据现场勘测资料提供的技术条件综合确定。

（3）负荷计算。负荷是电力负荷的简称，是指电气设备（如变压器、发电机、配电装置、配电线路、用电设备等）中的电流和功率。它们在配电系统设计中是选择电器、导线、电缆以及供电变压器和发电机的重要依据。

（4）选择变压器。施工现场电力变压器的选择主要是指为施工现场用电提供电力的10/0.4kV级电力变压器的形式和容量的选择。

（5）设计配电系统。配电系统主要由配电线路、配电装置和接地装置三部分组成。其中配电装置是整个配电系统的枢纽，经过配电线路、接地装置的连接，形成一个分层次的配电网络，这就是配电系统。

设计配电线路主要内容包括：选择电线或电缆，设计配电装置，选择电器，设计接地装置，绘制临时用电工程图纸等。其图纸主要包括用电工程总平面图、配电装置布置图、配电系统接线图、接地装置设计图纸等。

（6）设计防雷装置。施工现场的防雷主要是防直击雷，对于施工现场专设的临时变压器还要考虑防感应雷的问题。

施工现场防雷装置设计的主要内容是选择和确定防雷装置设置的位置、防雷装置的型式、防雷接地的方式和防雷接地电阻值。按照《施工现场临时用电安全技术规范》（JGJ 46—2005）的规定，所有防雷冲击接地电阻值均不得大于30Ω。

（7）确定防护措施。施工现场在电气领域里的防护主要是指施工现场对外电线路和电气设备对易燃易爆物、腐蚀介质、机械损伤、电磁感应、静电等危险环境因素的防护。

（8）制定安全用电措施和电气防火措施。安全用电措施和电气防火措施是指为了正确使用现场用电工程，并保证其安全运行，防止各种触电事故和电气火灾事故而制定的技术性和管理性规定。

对于用电设备在5台以下和设备总容量在50kW以下的小型施工现场，按照《施工现场临时用电安全技术规范》（JGJ 46—2005）的规定，可以不系统编制临时用电组织设计，但仍应制定安全用电技术措施和电气防火措施，并且要履行与临时用电组织设计相同的“编、审、批”程序。

2. 临时用电工程图纸的要求

临时用电工程图纸必须单独绘制，并作为临时用电施工的依据，临时用电工程应按图施工。临时用电施工组织设计及变更时，必须履行编制、审核、批准的程序，由电气工程技术人员组织编制，经相关部门审核及具有法人资格企业的技术负责人批准后实施。变更用电组织设计时应补充有关图纸资料。

3. 临时用电工程的使用条件

临时用电工程必须经编制、审核、批准部门和使用单位共同验收，合格后方可投入使用。

二、施工单位组织管理

（1）供用电设施投入运行前，用电单位应建立、健全用电管理机构，组织好运行、维护专业班组，明确管理机构与专业班组的职责。

（2）用电单位应建立、健全供用电设施的运行及维护操作规程；运行及维护人员必须学习这些操作规程，熟悉本单位的供用电系统。

（3）用电单位必须建立用电安全岗位责任制，明确各级用电安全负责人。

（4）配备合格的运行和维护人员：

1）用电单位运行、维护人员：

① 用电设施的运行及维护人员必须具备的条件：

a. 经医生检查无妨碍从事电气工作的病症。

b. 掌握必要的电气知识，考试合格并取得合格证书。

c. 掌握触电解救法和人工呼吸法。

② 用电单位电工须经应急管理部组织的考试合格后，持《电工进网作业许可证》上岗工作；其他用电人员是指直接操作用电设备进行施工作业的人员，应掌握安全用电的基本知识和所用设备的性能，须通过相关机构的安全教育培训、技术培训，考核合格后方可上岗工作；建筑电工须经建设行政主管部门授权的专门机构组织的安全技术培训并取得《建筑施工特种作业操作资格证书》方可上岗工作。新参加工作的电工，上岗前也必须经过安全教育，考试合格后在正式电工带领下，方可参加指定的工作。

③ 用电单位的电工作业人员的电工等级应与工程的难易程度和技术复杂性相适应。

2）变电所（配电所）值班人员：

① 熟悉本变电所（配电所）的系统、运行方式及电气设备性能。

② 持证上岗，掌握运行操作技术。

③ 能认真执行本单位制定的各种规章制度。

④ 值班负责人或单独值班人，应由有实践经验的人员担任。

⑤ 单独值班人员不得从事检修工作。

（5）配齐各类安全、防护用具：

1）变电所（配电所）内必须配备足够的绝缘手套、绝缘靴、绝缘棒、验电器、绝缘垫、绝缘台等安全工具及防护设施。

2）供用电设施的运行及维护，必须配备足够的合格的常用电气绝缘工具，并按有关规定定期进行电气性能试验。电气绝缘工具严禁挪作他用。各类用电人员在使用电气设备前，必须按规定穿戴和配备好相应的劳动防护用品。

3）室内配齐电气消防器材、应急照明灯等。

第二节　施工现场电气设备管理

一、档案管理

（1）施工现场临时用电必须建立安全技术档案，其内容应包括：

① 施工现场用电组织设计的全部资料。

② 修改施工现场用电组织设计的资料。

③ 用电技术交底资料。

④ 施工现场用电工程检查验收表。

⑤ 电气设备的试验、检验凭单和调试记录。

⑥ 接地电阻、绝缘电阻和漏电保护器漏电动作参数测定记录表。

⑦ 定期检（复）查表。

⑧ 电工安装、巡检、维修、拆除工作记录。

（2）安全技术档案应由主管该现场的电气技术人员负责建立与管理。其中，“电工安装、巡检、维修、拆除工作记录”，可指定电工代管，每周由项目经理审核认可，并于临时用电工程拆除后统一归档。

（3）各类用表可从《建筑施工安全管理资料统一用表》中下载或摘录。如《施工现场临时用电设备明细表》《电工巡视维修记录》《接地电阻测试记录表》《电气线路绝缘强度测试记录》《施工现场临时用电设备检查记录表》《安全防护用具检查维修保养记录表》《机械设备检查维修保养记录表》和《施工机具及配件检查维修保养记录表》等。

（4）各类现场记录表格填写要真实、有效、完整。

二、现场用电管理

（1）现场需要用电时，必须提前提出申请，经用电管理部门批准，通知电工班组进行接引。

（2）接引电源工作，必须由建筑电工进行，并应设专人进行监护。

（3）施工用电用完毕后，应由施工现场用电负责人通知电工班组，进行拆除。

（4）严禁非电工拆装电气设备，严禁乱拉乱接电源。

（5）配电室和现场的开关箱、开关柜应加锁。

（6）电气设备明显部位应设“严禁靠近，以防触电”的标志。

（7）施工现场大型用电设备、大型机具等，应有专人进行维护和管理。

（8）移动电气设备时，必须经电工切断电源并做妥善处理后方可进行。

（9）临时用电设施应定期检查，并进行安全用电评价。

临时用电工程的定期检查时间：施工现场每个月一次；基层单位（或公司）每季度一次。检查时，应复查接地电阻值和绝缘电阻值。检查工作应按分部、分项工程进行，对安全隐患必须及时处理，并应履行复查验收手续。

建筑施工安全用电，主要包括施工用临时配电设施、施工用电设备的安全，以安全检查的形式对施工现场安全用电进行评价，以消除不安全状况。按《建筑施工安全检查标准》（JGJ 59—2011）的规定，做如下检查：

1）施工用电检查评分表是对施工现场临时用电情况的评价。检查的项目应包括外电防护、接地与接零保护系统、配电箱、开关箱、现场照明、配电线路、电器装置、变配电装置和用电档案 9 项内容。

施工用电检查评分表是施工现场临时用电的检查标准，临时用电也是一个独立的子系统，各部位有相互联系和制约的关系，但从事故的分析来看，发生伤亡事故的原因不完全是相互制约的，而是哪里有隐患，哪里就存在着触电的危险，根据发生伤亡事故的原因分析和《施工现场临时用电安全技术规范》（JGJ 46—2005）（以下简称《规范》）的规定确定了检查项目。为消除触电事故隐患，《规范》规定：施工现场临时用电工程必须采用 TN-S 系统，设置专用的保护零线，要求使用五芯电缆，配电系统采用“三级配电两级保护”。同时规定开关箱（末级）必须装设剩余电流保护装置（30mA 或 15mA，0.1s），每台设备有各自专用的开关箱的规定，实行“一机一闸”，从而提高了临时用电的本质安全。由于现场住宿工棚高度较低，所以照明一般应使用安全电压供电。为此，安全检查评分表把以上内容列为保证项目。另外，《规范》还规定凡用电设备在 5 台及以上或总容量在 50kW 及以上的工地，都要单独编制临时用电施工组织设计，用来指导临时用电工程的设施布局和线路敷设以及所采用的安全措施，并作为工地临时用电档案的主要资料之一。

2）施工机具检查评分表是对施工中使用的平刨、圆盘锯、手持电动工具、钢筋机械、电焊机、搅拌机、气瓶、翻斗车、潜水泵和打桩机械 10 种施工机具安全状况的评价。

施工机具检查评分表，列出了施工常用的和发生伤亡事故较多的 10 种机具，这些机具设备虽然与大型设备相比较其危险性较小，但由于它数量多、使用广泛，所以发生事故的概率大，又因其设备较小，在管理上常被忽视。在进行安全检查时，要求也与大型设备一样，进入施工现场的，必须是经过建筑安全监督管理部门验收，确认符合要求时，发给准用证或有验收手续方能使用，不能把不合格的机具运进现场使用。施工机具都必须按照《规范》的要求，除做保护接零外，必须在设备负荷线的首端处设置剩余电流保护装置。平刨、电锯、电钻等多用联合机械在施工现场严禁使用。

（10）施工现场巡视检查。

各种电气设施应定期进行巡视检查，每次巡视检查的情况和发现的问题应记入运行日志内。

1）低压配电装置、低压电器和变压器，有人值班时，每班应巡视检查一次。无人值班时，至少应每周巡视一次。

2）配电盘（箱）应每班巡视检查一次。

3）架空线路的巡视和检查，每季度不应少于一次。

4）车间或工地设置的 1kV 以下的分配电盘和配电箱，每季度应进行一次停电检查和清扫。

5）500V 以下的铁壳开关及其他不能直接看到的隔离刀开关，应每个月检查一次。

6）室外施工现场供用电设施除经常维护外，遇有大风、暴雨、冰雹、雪、霜、雾等恶劣天气时，应加强对电气设备的巡视和检查；巡视和检查时，必须穿绝缘靴，且不得靠近避雷器和避雷针。

7）检查一般分为电气专业技术人员检查、定期测试和电工的巡回检查等几种，对每一项检查都应规定检查责任人、检查时间、检查项目，并都应做记录。如遇有问题必须进行整改；对整改也必须作出规定，要求定时间、定责任人、定措施。电气专业技术人员的定期检查一般应每周一次，从配电室开始到分配电箱、开关箱、用电设备进行全面检查。定期测试一般由电工完成，包括对接地电阻的测试、绝缘电阻的测试、剩余电流保护装置的测试。电工巡回检查的目的是监视设备运行情况和及时发现缺陷及用电人员的不安全行为，每班都必须巡视，在雷雨天必须增加巡检次数。

8）新投入运行或大修后投入运行的电气设备，在 72h 内应加强巡视，无异常情况后，方可按正常周期进行巡视。

（11）施工现场运行、维护管理。

1）运行管理：

① 将巡视检查中发现的线路或设备缺陷应做好记录，列入抢修或维修计划。当用电设施或电气设备发生故障时，由电气专业技术人员提出故障现象，分析故障发生的原因，并注明所采取的维修改进措施。

② 为了确保线路、设备的正常运行，施工现场的每一只开关箱必须责任到人，对开关箱的使用，开、关操作顺序，维护等应作出规定。配电箱、开关箱的操作顺序：

a. 送电操作顺序为：总配电箱→分配电箱→开关箱。

b. 停电操作顺序为：开关箱→分配电箱→总配电箱。但出现电气故障的紧急情况可除外。从开关箱到用电设备的这段线路的维护及现场需要临时更改用电设施，应有明确分工，各自处理，确保安全运行。

③ 夜间电工值班应配足人员（一般为 2 人）。

2）维护管理：供用电设施的清扫和检修，其时间应安排在雨季和冬季到来之前进行，中途也应利用停电机会增加清扫次数。电气设备或线路的停电检修，应遵守下列规定：

① 一次设备完全停电，并切断变压器和电压互感器二次侧开关或熔断器。

② 设备或线路切断电源并经验电确无电压后，方可装设接地线，进行工作。

③ 工作地点均应悬挂相应的标示牌或装设遮栏。

④ 在靠近带电部分工作时，应设监护人。工作人员在工作中正常活动范围与带电设备的最小安全距离，应符合表 11-1 的规定。

表 11-1 工作人员正常活动范围与带电设备最小安全距离

设备电压/kV	距离/m
6 及以下	0.35
10	0.6

3）生活用电安全管理：生活用电安全管理应规定宿舍内接线必须由电工完成，严禁非电工人员的作业有：

① 将剩余电流保护装置短接。

② 私拉乱接。

③ 私自更换熔体。

④ 安装、使用规定范围以外的电器。

如违反上述规定者，应有相应的处罚措施，以减少触电和发生火灾的危险。

三、施工现场高压配电用户安全管理制度

1. 值班电工岗位责任制

（1）遵守国家的电力法规、规程以及各项规章制度，熟悉所管辖设备的性能及运行情况。

（2）按规定对设备进行巡视检查，及时发现缺陷、隐患。

（3）认真做好技术管理工作，认真填写各种运行记录，保管好技术资料。

（4）正确、熟练地进行倒闸操作及事故处理。

（5）积极参加施工现场和电工作业班的安全活动。

（6）设备的检修、试验，负责按要求布置现场安全措施，保证工作人员安全。

（7）根据规程规定的周期，及时提醒有关工地领导与供电企业联系，做好高压设备的预防性试验、检查工作。

（8）安全工具，消防设施，常用工具及备用品应定期进行试验、维护，及时补充调换，保持齐全、合格。

（9）做好变配电所的卫生整洁工作，不得存放杂物。

（10）认真履行交接班手续。

2. 交接班制度

（1）值班人员上下班必须履行交接班手续，接班人员应提前到班，交接班应有记录，且交接班双方须签名。

（2）交接班人员在交接班时应做到如下几点：

① 查阅运行记录和交接班记录。

② 查点安全用具及技术资料。

③ 交接班人员一起巡视设备的运行情况，有无异常情况。

④ 检查现场整洁情况。

⑤ 接班人员应点收未完的工作票，并详细询问安全情况，如有疑问，必须向交班人员问清楚，不得含糊。

⑥ 正在执行倒闸操作时接班人员拒绝接班，待交班人员操作完毕后方可接班。

（3）有病、酒后或精神不正常的人不得接班，若遇此情况，交班人员可拒绝交班，并及时报告有关工地领导。

3. 电气设备巡回检查制度

（1）值班人员应每小时对所有电气设备巡视一次，遇有特殊情况要加强巡视。

（2）雷雨天气巡视室外高压设备时，应穿绝缘靴，并不得靠近避雷针或避雷器。

（3）巡视高压设备时，与带电设备应保持规定的安全距离，不得移开或越过遮栏，不得进行任何操作和其他工作。

（4）在巡视中发现设备缺陷，应及时向有关领导汇报，并记入设备缺陷记录簿内，不得单独进行处理，如遇可能发生人身伤亡或重大设备事故情况可先停电，然后再汇报。

（5）巡视变配电装置进出高压室必须随手将门锁好。

4. 电气设备缺陷管理制度

（1）值班人员发现缺陷要及时记入缺陷记录簿内，详细记录缺陷设备的名称、部位、发现时间、发现人员及处理时间、结果、处理人员等事项。

（2）发现缺陷设备要尽快处理，如不属紧急危及安全运行的缺陷，可列入小修计划一并处理。

（3）处理缺陷要检查分析，对今后有可能发生的类似缺陷要制定技术措施，限期整改。

（4）对供电企业管理的设备、表计，发现故障应及时向供电企业或有关部门报告。

5. 操作票制度

（1）凡是改变电气设备运行状态的操作均应填写操作票。

（2）操作票填写应正确、认真、齐全。操作前应先在图板上进行模拟操作无误后再进行设备操作。操作前应核对设备名称、编号和位置，操作中应认真执行监护复诵制度，全部操作完毕后进行复查。

（3）倒闸操作必须由两人执行，一人操作，一人监护。

（4）下列操作可以不使用操作票：

① 事故处理。

② 拉合断路器的单一操作。

③ 拉开接地隔离开关或拆除全厂（所）仅有的一组接地线。

上述操作应记入操作记录簿内。

（5）操作票执行结束后，应加盖“已执行”印章，作废的操作票应加盖“作废”印章，操作票保存 3 个月。

6. 工作票制度

（1）凡在高压设备上工作需要将设备全部或部分停电或邻近高压带电设备需要装设遮栏的工作以及二次回路上的带电装拆工作，均须填写电气安全工作票，严禁无票工作。

（2）在变压器下端放油，在不停电的二次回路上测量、掉牌指示复位等可用口头命令。

（3）工作票签发人、工作负责人、工作许可人应经工地领导批准，并经供电企业考试合格发证后方可各负其责。

（4）供电企业在用户工作，须填写工作票，执行电业和用户双签发制度。

（5）工作票填写应准确、齐全，工作完毕后应妥善保管，保存3个月。

7. 现场整洁卫生制度

（1）变电所内外及电气设备须保持清洁，通道要保持畅通。

（2）电气设备外壳及配电屏内二次回路上的污秽灰尘定期停电清扫。

（3）充油设备有渗漏油现象应设法处理，保持设备清洁。

（4）房屋、地面、门窗要保持清洁、完好，安全工具存放应整齐。

（5）值班室内外不得堆放杂物，每次交接班前必须打扫干净，保持整洁。

参考文献

[1] 赵丽娅. 建筑电工[M]. 北京：中国建材工业出版社，2019.

[2] 广东省建筑安全协会. 建筑电工[M]. 武汉：华中科技大学出版社，2017.

[3] 邱勇进. 维修电工[M]. 北京：化学工业出版社，2016.

[4] 乔长君. 图解电工从入门到精通[M]. 北京：中国电力出版社，2018.

附录一　建筑施工特种作业人员安全技术考核大纲（试行）（摘录）

1　建筑电工安全技术考核大纲（试行）

1.1　安全技术理论

1.1.1　安全生产基本知识

1 了解建筑安全生产法律法规和规章制度

2 熟悉有关特种作业人员的管理制度

3 掌握从业人员的权利义务和法律责任

4 熟悉高处作业安全知识

5 掌握安全防护用品的使用

6 熟悉安全标志、安全色的基本知识

7 熟悉施工现场消防知识

8 了解现场急救知识

9 熟悉施工现场安全用电基本知识

1.1.2　专业基础知识

1 了解力学基本知识

2 了解机械基础知识

3 熟悉电工基础知识

（1）电流、电压、电阻、电功率等物理量的单位及含义

（2）直流电路、交流电路和安全电压的基本知识

（3）常用电气元器件的基本知识、构造及其作用

（4）三相交流电动机的分类、构造、使用及其保养

1.1.3　专业技术理论

1 了解常用的用电保护系统的特点

2 掌握施工现场临时用电 TN-S 系统的特点

3 了解施工现场常用电气设备的种类和工作原理

4 熟悉施工现场临时用电专项施工方案的主要内容

5 掌握施工现场配电装置的选择、安装和维护

6 掌握配电线路的选择、敷设和维护

7 掌握施工现场照明线路的敷设和照明装置的设置

8 熟悉外电防护、防雷知识

9 了解电工仪表的分类及基本工作原理

10 掌握常用电工仪器的使用

11 掌握施工现场临时用电安全技术档案的主要内容

12 熟悉电气防火措施

13 了解施工现场临时用电常见事故原因及处置方法

1.2　安全操作技能

1.2.1　掌握施工现场临时用电系统的设置技能

1.2.2　掌握电气元件、导线和电缆规格、型号的辨识能力

1.2.3　掌握施工现场临时用电接地装置接地电阻、设备绝缘电阻和漏电保护装置参数的测试技能

1.2.4　掌握施工现场临时用电系统故障及电气设备故障的排除技能

1.2.5　掌握利用模拟人进行触电急救操作技能

附录二 建筑施工特种作业人员安全操作技能考核标准（试行）（摘录）

1 建筑电工安全操作技能考核标准（试行）

1.1 设置施工现场临时用电系统

1.1.1 考核设备和器具

1 设备：总配电箱、分配电箱、开关箱（或模板）各1个，用电设备1台，电气元件若干，电缆、导线若干；

2 测量仪器：万用表、兆欧表（绝缘电阻测试仪）、漏电保护器测试仪、接地电阻测试仪；

3 其他器具：十字口螺丝刀、一字口螺丝刀、电工钳、电工刀、剥线钳、尖嘴钳、扳手、钢板尺、钢卷尺、千分尺、计时器等；

4 个人安全防护用品。

1.1.2 考核方法

1 根据图纸在模板上组装总配电箱电气元件；

2 按照规定的临时用电方案，将总配电箱、分配电箱、开关箱与用电设备进行连接，并通电试验。

1.1.3　考核时间：90 min。具体可根据实际考核情况调整。

1.1.4　考核评分标准

满分 60 分。考核评分标准见表 1.1。各项目所扣分数总和不得超过该项应得分值。

表 1.1　考核评分标准

序号	扣 分 标 准	应得分值
1	电线、电缆选择使用错误，每处扣 2 分	8
2	漏电保护器、断路器、开关选择使用错误，每处扣 3 分	8
3	电流表、电压表、电度表、互感器连接错误，每处扣 2 分	8
4	导线连接及接地、接零错误或漏接，每处扣 3 分	8
5	导线分色错误，每处扣 2 分	4
6	用电设备通电试验不能运转，扣 10 分	10
7	设置的临时用电系统达不到 TN-S 系统要求的，扣 14 分	14
合计		60

1.2　测试接地装置的接地电阻、用电设备绝缘电阻、漏电保护器参数

1.2.1　考核设备和器具

1 接地装置 1 组、用电设备 1 台、漏电保护器 1 只；

2 接地电阻测试仪、兆欧表（绝缘电阻测试仪）、漏电保护器测试仪、计时器；

3 个人安全防护用品。

1.2.2　考核方法

使用相应仪器测量接地装置的接地电阻值、测量用电设备绝缘电阻、测量漏电保护器参数。

1.2.3　考核时间：15 min。具体可根据实际考核情况调整。

1.2.4　考核评分标准

满分 15 分。完成一项测试项目，且测量结果正确的，得 5 分。

1.3　临时用电系统及电气设备故障排除

1.3.1　考核设备和器具

1 施工现场临时用电模拟系统 2 套，设置故障点 2 处；

2 相关仪器、仪表和电工工具、计时器；

3 个人安全防护用品。

1.3.2　考核方法

查找故障并排除。

1.3.3　考核时间：15 min。

1.3.4　考核评分标准

满分 15 分。在规定时间内查找出故障并正确排除的，每处得 7.5 分；查找出故障但未能排除的，每处得 4 分。

1.4　利用模拟人进行触电急救操作

1.4.1　考核器具

1 心肺复苏模拟人 1 套；

2 消毒纱布面巾或一次性吹气膜、计时器等。

1.4.2　考核方法

设定心肺复苏模拟人呼吸、心跳停止，工作频率设定为 100 次/min 或 120 次/min，设定操作时间 250 秒 。由考生在规定时间内完成以下操作：

1 将模拟人气道放开，人工口对口正确吹气 2 次；

2 按单人国际抢救标准比例 30：2 一个循环进行胸外按压与人工呼吸，即正确胸外按压 30 次，正确人工呼吸口吹气 2 次；连续操作完成 5

个循环。

1.4.3　考核时间：5 min。具体可根据实际考核情况调整。

1.4.4　考核评分标准

满分 10 分。在规定时间内完成规定动作，仪表显示“急救成功”的，得 10 分；动作正确，仪表未显示“急救成功”的，得 5 分；动作错误的，不得分。